U0334063

高等职业教育"十二五"规划教材（计算机类）

局域网组建与管理

主　编　关　智

副主编　陆宜梅　黄　巍　时　磊

参　编　曲大海　秦　崴　张晓鹏

　　　　赵　薇　郑　赢

主　审　栾居里

机械工业出版社

本书从实用的角度出发,按照"以就业为导向,以企业实际需求为目标"的高职计算机教学理念进行编写,全面、详细地介绍了计算机网络组建与管理方面的相关知识。全书共 8 章,内容包括:认知计算机网络技术、家庭双机和三机四卡组建对等网、宿舍多机组网、办公室组网、网吧组建、组建中型企业网络、组建无线局域网、网络远程控制。

本书内容丰富,结构清晰,概念明确,技术实用性强,操作步骤简单、连贯,并提供了大量的图片,以方便读者在阅读时理解和掌握。本书可作为高职高专院校计算机网络技术课程的教材,也可作为计算机网络相关课程的培训教材或者计算机网络爱好者的自学参考用书。

为方便教学,本书配备电子课件等教学资源。凡选用本书作为教材的教师均可登录机械工业出版社教材服务网 www.cmpedu.com 免费下载。如有问题请致信 cmpgaozhi@sina.com,或致电 010-88379375 联系营销人员。

图书在版编目(CIP)数据

局域网组建与管理/关智主编. —北京:机械工业出版社,2013.6
高等职业教育"十二五"规划教材. 计算机类
ISBN 978-7-111-42957-9

Ⅰ.①局… Ⅱ.①关… Ⅲ.①局域网—高等职业教育—教材 Ⅳ.①TP393.1

中国版本图书馆 CIP 数据核字(2013)第 133289 号

机械工业出版社(北京市百万庄大街 22 号 邮政编码 100037)
策划编辑:刘子峰   责任编辑:刘子峰
责任校对:赵 蕊   封面设计:赵颖喆
责任印制:张 楠
北京振兴源印务有限公司印刷
2013 年 8 月第 1 版第 1 次印刷
184mm×260mm · 12.75 印张 · 310 千字
0001—3000 册
标准书号:ISBN 978-7-111-42957-9
定价:24.00 元

前　言

随着信息化建设的逐步完善，我国已经进入了互联网大国的行列。数字信息化、数据的分布式处理、各种计算机资源的共享等应用需求，推动着我国计算机网络的迅速发展。数字化网络正在改变着人们的工作方式与生活方式，已成为现代信息社会不可缺少的、重要的基础设施，也是衡量我国综合国力的重要标准。相应地，培养具有高技术水准、理论与实操并重的技能型人才也成为了我国高职计算机网络专业的明确目标。

为适应高等职业教育对教学改革和教材建设的需要，我们根据教育部《关于加强高职高专教育人才培养工作的意见》、《关于加强高职高专教育教材建设的若干意见》和《关于全面提高高等职业教育教学质量的若干意见》的精神，并严格遵循高等职业教育"基础理论以应用为目的，以必需、够用为度"的原则编写了本书，力求从实际应用的需要出发，尽量减少枯燥、死板的理论概念，加强应用性和可操作性的内容，突出教学方法和手段的改变，融"教、学、做"于一体，强化学生能力的培养，坚持理论、操作、实训并重，基础、技巧、经验并举，让学生学以致用，学有所成。

本书共 8 章，内容包括：认知计算机网络技术，家庭双机和三机四卡组建对等网，宿舍多机组网，办公室组网，网吧组建，组建中型企业网络，组建无线局域网，网络远程控制。体系结构按照从网络基本概念到建网、管网、用网的层次来编写，由浅入深，符合课程教学特点。全书贯彻了"以就业为导向，以企业实际需求为目标"的编写理念，内容丰富，结构清晰，概念明确，技术实用，操作步骤简单、连贯，并提供了大量的图片，以方便读者在阅读时理解和掌握。

本书由具有多年丰富教学经验的一线优秀教师编写。全书由关智统稿、定稿，并编写了第 1 章；赵薇编写了第 2 章；时磊编写了第 3 章；秦崴编写了第 4 章；张晓鹏编写了第 5 章；黄巍编写了第 6 章；陆宜梅编写了第 7 章；郑赢编写了第 8 章；曲大海编写了附录。

由于编者水平有限，书中纰漏及错误在所难免，恳请广大读者批评指正。

编　者

目　　录

第1章 认知计算机网络技术

1997 年，时任微软公司总裁的比尔·盖茨，在美国拉斯维加斯的全球计算机技术博览会上，提出了"网络才是计算机"的著名论点以及"PC（Personal Computer，个人计算机）时代已经结束"的伟大预言，充分体现出信息社会中计算机网络的重要地位。计算机网络技术的发展越来越成为当今世界高新技术发展的核心之一。而早在 1985 年，Sun 公司就提出了"网络就是计算机"的口号，公司首席执行官考特·麦克尼利说："我们一直在网络计算机这一模式上不断创新，这不是基于主机的计算，不是基于个人计算机的计算，而是通过网络得到服务。"这就是说，计算机的关键价值是获得网络服务。

能力目标

- 认识计算机网络。
- 掌握网络拓扑图的绘制方法。
- 认知网络硬件。
- 了解网络通信协议。

任务 1　认知计算机网络和 SOHO

↘ 任务描述

深入到企事业单位，如商场、银行、政府机关、酒店、宾馆、学校等，参观网络管理中心，认识网络设备，了解网络安全的软/硬件设施，了解安全防范技术。

↘ 任务分析

网络的发展也是一个经济上的冲击。数据网络使个人化的远程通信成为可能，并改变了商业通信的模式。一个完整的用于发展网络技术、网络产品和网络服务的新兴工业已经形成，计算机网络的普及性和重要性已经导致了在不同岗位上对具有更多网络知识人才的大量需求。企业需要雇员来规划、获取、安装、操作、管理那些构成计算机网络的软硬件系统。另外，计算机编程已不再局限于个人计算机，现在的程序员要求设计并实现能与其他计算机上的程序通信的应用软件。因此，要认识并掌握计算机网络技术，要想真正理解计算机网络，就要走进计算机网络。

↘ 方法与步骤

1）参观学校管理机房或企事业单位的网络管理中心，认识网络机房管理体系。

2）请网络管理员讲解管理过程中遇见的安全问题和主机中遇见的攻击及其采取的软/硬件措施。

3）对管理员的讲解做详细的记录。

4）绘制网络实际位置平面图（可以手绘），记录网络设备的位置。

① 互联网与内部局域网的连接点。

② 内部局域网之间的连接点。

③ 服务器，包括文件和打印服务器、HTTP 服务器、FTP 服务器、电子邮件服务器、多媒体服务器、数据库服务器等。

④ 核心层、汇聚层、接入层。

⑤ 路由器、网桥、网关、交换机等，以及连接到网络的其他设备。

⑥ 网络光缆、双绞线等。

5）绘制网络拓扑图。

6）列出管理中心的主要设备和单种设备的主要作用。

7）记录网络中心的整体安全方案。

8）提出自己的想法。

9）了解家居办公网络所需的条件。

➥ 相关知识与技能

1．计算机网络的概念

所谓计算机网络，就是利用通信线路和通信设备将分布在不同位置的、具有独立功能的计算机系统连接起来而形成的计算机集合，计算机之间可以借助于通信线路传递信息，共享软件、硬件和数据资源，如图 1-1 所示。

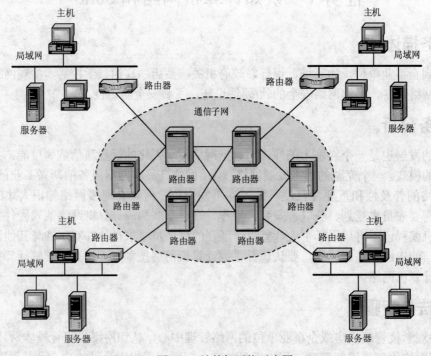

图 1-1　计算机网络示意图

从以上定义可以看出，计算机网络建立在通信网络基础之上，以资源共享和在线通信为目的。利用计算机网络，人们不仅可以实现资源共享，而且可以交换资料、保持联系、进行娱乐等。现在，很多人的生活和工作已经和计算机网络密不可分了。

2. 计算机网络的功能

计算机网络使单一的、分散的计算机有机地连成一个系统，它主要有以下功能。

（1）资源共享　计算机网络的主要功能就是资源共享。共享的资源包括软件资源（如程序、数据和文档）、硬件资源（如存储设备、打印设备、扫描仪、通信设备、光驱等），以及存储在公共数据库中的各类数据信息。网上用户能部分或全部地共享这些资源，使网络中的资源能够互通有无、分工协作，从而大大提高系统资源的利用率。

（2）快速传输信息　分布在不同地区的计算机系统，可以通过网络及时、高速地传递各种信息，交换数据，发送电子邮件，使人们之间的联系更加紧密。

（3）提高系统可靠性　在计算机网络中，由于计算机之间是互相协作、互相备份的关系，以及在网络中采用一些备份的设备和一些负载调度、数据容错等技术，使得当网络中的某一部分出现故障时，网络中其他部分可以自动接替其任务。因此，与单机系统相比，计算机网络具有更高的可靠性。

（4）易于进行分布式处理　在计算机网络中，还可以将一个比较大的问题或任务分解为若干子问题或任务，分散到网络中不同的计算机上进行处理计算。这种分布处理能力在进行一些重大课题的研究开发时是卓有成效的。

（5）综合信息服务　在当今的信息化社会里，从个人到办公室、图书馆、企业和学校等，每时每刻都在产生并处理大量的信息。这些信息可能是文字、数字、图像、声音，甚至是视频，通过计算机及网络就能够收集、处理这些信息，并进行信息的传送。因此，综合信息服务将成为计算机网络的基本服务功能。

3. 计算机网络的应用

计算机网络可以应用于任何行业、任何领域，包括政治、经济、军事、科学、文教及生活等诸多方面。它为各行各业的生产与管理乃至人们学习、工作与生活提供了物质基础，使之进入了一种崭新的方式。

随着网络技术的发展和各种需求，计算机网络的应用在不断扩大，应用领域越来越宽广、深入，许多新的计算机网络应用系统不断地涌现出来。目前的网络应用可以说是无所不在，它涵盖了人类社会的方方面面，如工业自动化、辅助决策、虚拟大学、远程教育、远程医疗、管理信息系统、数字图书馆、电子博物馆、全球情报检索与查询、网上购物、网上股票、电子商务、网上银行、视频会议、视频广播与点播、过程控制等。

4. 计算机网络的基本组成

计算机网络由硬件和软件两大部分组成。网络硬件负责数据处理和数据转发，它为数据的传输提供一条可靠的传输通道。网络硬件包括计算机系统、通信线路和通信设备。网络软件是真正控制数据通信和实现各种网络应用的部分。软件包括网络协议及网络软件。网络软件的各种功能必须依赖于硬件去完成，而没有软件的硬件系统也无法实现真正端到端的数据通信。对于一个计算机网络系统而言，二者缺一不可。总体而言，计算机网络由计算机系统、通信线路和通信设备、网络协议及网络软件四部分组成。这四部分就是计算机网络的基本组成部分，也常称之为计算机网络的四大要素。

5. 网络拓扑结构

拓扑结构这个名词来源于拓扑学（Topology），拓扑学是一种研究与大小、距离无关的几何图形特性的方法。在计算机网络中通常采用拓扑学的方法，分析网络单元彼此互连的形状与其性能的关系，从而实现网络的最佳布局。

这里先介绍拓扑结构中的几个知识点。

（1）节点　所谓的节点即为网络单元，是网络系统中的各种数据处理设备、数据通信控制设备和数据终端设备。常见的节点有服务器、网络工作站、集线器和交换机等。

节点可分为两类：转节点和访问节点。前者的作用是支持网络连接，通过通信线路转接和传递信息，如集线器、交换机等；后者是信息交换的源点和目标，如服务器、网络工作站等。

（2）链路　链路是两个节点间的连线，可分为两种：物理链路和逻辑链路。前者指实际存在的通信连线，后者指在逻辑上起作用的网络通路。链路容量是指每条链路在单位时间内可接纳的最大信息量。

（3）通路　通路是指从发出信息的节点到接收信息的节点之间的一串节点和链路，即是一系列穿越通信网络而建立起的节点到节点的链路。

网络拓扑是由网络节点设备和通信介质构成的网络结构图，网络拓扑结构对网络采用的技术、网络的可靠性、网络的可维护性和网络的实施费用都有重大的影响。

局域网的拓扑结构主要有总线型、环形、星形、树形、网状形和混合状拓扑结构 6 种。还有一种无线的蜂窝拓扑结构。

（1）总线型拓扑结构　总线型拓扑结构是局域网中最主要的拓扑结构之一，如图 1-2 所示。

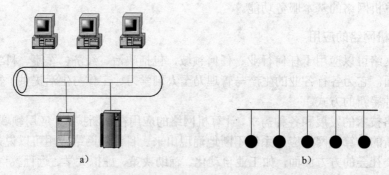

图 1-2　总线型拓扑结构

a）总线型局域网的计算机连接　b）总线型局域网的拓扑结构

在使用总线型拓扑结构的局域网中，所有的节点都通过相应的网络接口适配器直接连接到一条作为公共传输介质的总线上，信息的传输通常以"共享介质"方式进行。

总线型拓扑结构的每个节点之间按广播方式进行通信，每个节点都能收到总线上传播的信息，每次只允许一个节点发送信息。一个节点的失效不影响其他节点的正常工作，而且节点的增删不影响全网的运行。总线型局域网结构简单、接入灵活、扩展容易、可靠性高，是使用最广泛的一种网络拓扑结构。

（2）环形拓扑结构　环形拓扑结构的网络中，所有节点形成闭合的环，信息在环中做单

4

向流动，可实现环上任意两节点间的通信，如图 1-3 所示。

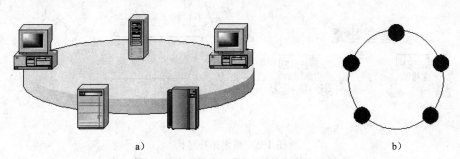

图 1-3　环形拓扑结构
a）环形局域网的计算机连接　b）环形局域网的拓扑结构

　　环形拓扑结构的优点是电缆长度短，成本低。该结构的缺点是，某一节点故障会引起全网故障，且故障诊断困难；若要扩充环的配置，就需要关掉部分已接入网中的节点，重新配置困难。

　　（3）星形拓扑结构　在星形拓扑结构的局域网系统中，以一台设备作为中心节点，其他外围节点都单独连接在中心节点上，任何两个节点之间的通信都要通过中心节点转换，如图 1-4 所示。

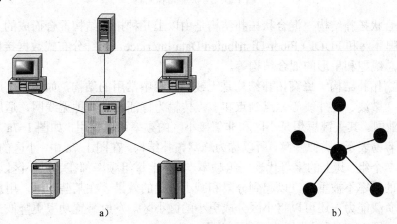

图 1-4　星形拓扑结构
a）星形局域网的计算机连接　b）星形局域网的拓扑结构

　　中心节点一般采用集线器或交换机，外围节点常使用 PC。它的优点是适用点到点通信，通信协议简单；缺点是网上传递的信息全部要通过中心节点转发，一旦中心节点失效，全网就可能瘫痪。

　　（4）树形拓扑结构　树形拓扑结构可以看成是星形拓扑结构的扩展，如图 1-5 所示。在树形拓扑结构中，节点按层次进行连接，信息交换主要在上、下节点之间进行，相邻及同层节点之间一般不进行数据交换或数据交换量小。树形拓扑网络适用于汇集信息的应用。

　　（5）网状形拓扑结构　网状形拓扑结构又称为无规则形拓扑结构。在网状形拓扑结构中，节点之间的连接是任意的，没有规律，如图 1-6 所示。网状形拓扑结构的主要优点是系统可靠性高；其缺点是结构复杂，必须采用路由选择算法与流量控制方法。目前实际存在与使用的广域网，基本上都采用网状形拓扑结构。

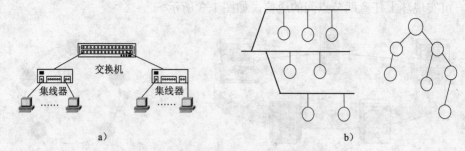

图 1-5　树形拓扑结构

a）树形局域网的计算机连接　b）树形局域网的拓扑结构

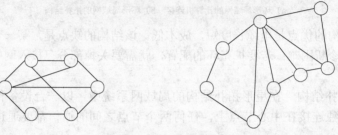

图 1-6　网状形拓扑结构

（6）混合状拓扑结构　混合状拓扑结构是由以上几种拓扑结构混合而成的，如环星状结构，它是令牌环网和 FDDI（Fiber-Distributed Data Interface，光纤分布式数据接口）网常用的结构，还有总线型和星形的混合结构等。

（7）蜂窝拓扑结构　蜂窝拓扑结构是无线局域网中常用的结构，如图 1-7 所示。它以无线传输介质（微波、红外线等）点到点和多点传输为特征，是一种无线网，适用于城市网、校园网、企业网。其关键思想是小区和非邻接小区的频率可以重用，如图 1-7a 所示，小区用正六边形更容易表示，类似蜂窝，所以称为蜂窝拓扑结构。在图 1-7a 中，小区的大小都一样，它们被分成 7 个组，其上的字母代表一组频率。实际上每组频率都在邻近小区以外才被重用，邻近小区里的频率不被重用，以起到分隔和减小串扰的效果。在某些地区，用户数量已经超过了系统的负载能力，还可以将小区分成更小的微小区，发射装置功率更降低，以便于更多的频率重用。图 1-7b 所示为微小区的划分图。

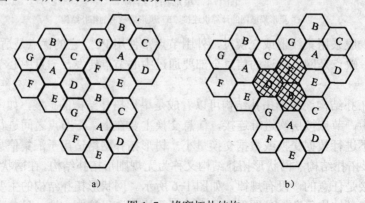

图 1-7　蜂窝拓扑结构

a）在相邻的单元不会重用相同的频率　b）为增加更多的用户使用更小的单元

除了上述连接外，在重要的企业网和校园网中，从核心层到汇聚层都采用双备份连接。图 1-8 所示为企业网通用结构，目的是保证安全。

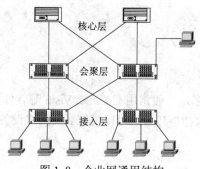

图 1-8　企业网通用结构

6．SOHO

全球信息化和网络化的潮流给人们的工作模式带来新的变革，衍生出来一种信息化的工作模式——SOHO（Small Office Home Office，小型家居办公室），这种模式正成为当今生活时尚。在 SOHO 环境中，许多行业的从业人员在家通过网络进行工作，消除了上下班用在交通上额外浪费，从而提高了工作效率，为业余生活创造出更加美好的环境，提高了生活质量。

可以说，SOHO 代表一种自由、弹性而新型的工作方式，是一种新经济、新概念。

SOHO 一族专指能够按照自己的兴趣和爱好自由选择工作的、不受时间和地点制约的、不受发展空间限制的白领一族。更重要的是反映在能否按照自己的兴趣和爱好去自由地选择工作，反映在所选择的工作是否有着极大的发展空间。SOHO 代表新潮的生产力，代表活跃的新经济。SOHO 一族大多指那些专门的自由职业者：自由撰稿人、平面设计师、工艺品设计人员、艺术家、音乐创作者、产品销售员、广告制作者、服装设计师、商务代理等。

SOHO 必备条件就是计算机接入 Internet，可以根据情况配置相关设备，如打印机、传真机、IP 电话、无线路由、PDA（Personal Digital Assistant，个人数字助理，又称掌上电脑）、平板计算机、数字 TV 等。SOHO 网络拓扑图如图 1-9 所示。

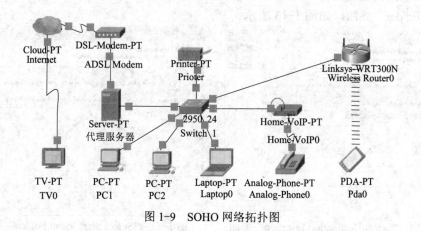

图 1-9　SOHO 网络拓扑图

任务 2　绘制网络拓扑图

➥　任务描述

绘制学校网络拓扑图。

➥　任务分析

绘制网络拓扑图的软件很多，一般常用 CAD 或 Visio 等软件。在网络学习中有一款必备软件——Cisco Packet Tracer，该软件小巧并且可以模拟真实网络设备，还可以进行模拟调试，是网络学习者必备的软件。

➥　方法与步骤

1. 安装 Cisco Packet Tracer

1）运行 Cisco Packet Tracer 5.3 安装程序，打开"安装向导"窗口，如图 1-10 所示。

2）单击"Next"按钮，打开"License Agreement"界面，选中"I accept the agreement"单选按钮，如图 1-11 所示。

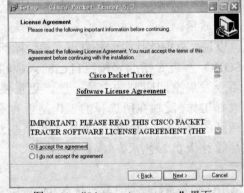

图 1-10　"安装向导"窗口　　　　　　图 1-11　"License Agreement"界面

3）单击"Next"按钮，打开"Select Destination Location"界面，如图 1-12 所示。

4）如果想改变安装位置，单击"Browse"按钮进行更改。单击"Next"按钮，打开"Select Start Menu Folder"界面，如图 1-13 所示。

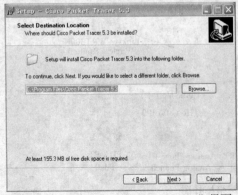

图 1-12　"Select Destination Location"界面　　　图 1-13　"Select Start Menu Folder"界面

8

5）如果想改变菜单快捷位置，单击"Browse"按钮进行更改。单击"Next"按钮，打开"Select Additional Tasks"界面，如图 1-14 所示。

6）选中"Create a desktop icon"复选框，创建桌面图标。单击"Next"按钮，打开"Ready to Install"界面，如图 1-15 所示。

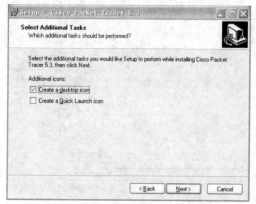

图 1-14　"Select Additional Tasks"界面　　　图 1-15　"Ready to Install"界面

7）单击"Install"按钮进行安装。完成安装后单击"Finish"按钮，如图 1-16 所示。

8）汉化 Cisco Packet Tracer 5.3。

① 把汉化文件 chinese.ptl 复制到 C:\Program Files\Cisco Packet Tracer 5.3\languages 文件夹中。

② 运行 Cisco Packet Tracer 5.3，第一次运行将出现"Packet Tracer"提示框，要求用户确认是否修改参数，如图 1-17 所示。

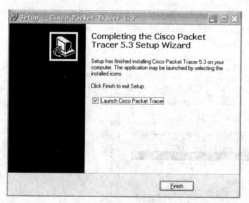

图 1-16　安装完成　　　　　　　图 1-17　"Packet Tracer"提示框

③ 单击"Yes"按钮跳过修改，打开 Cisco Packet Tracer 界面，如图 1-18 所示。

④ 选择菜单栏中的"Options"→"Preferences"命令，打开参数对话框，在"Select Language"列表框中选择"chinese.ptl"，如图 1-19 所示。

⑤ 单击"Change Language"按钮，打开"Change Language—Packet Tracer"提示框，提示语言设置在下次启动时才生效，如图 1-20 所示。

⑥ 单击"OK"按钮，完成汉化，重新运行 Cisco Packet Tracer 5.3，如图 1-21 所示。

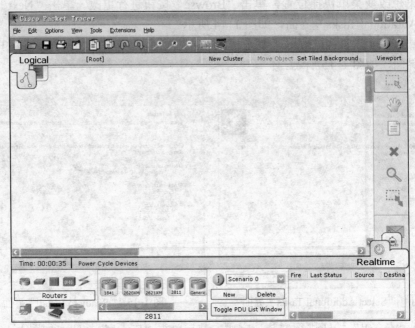

图 1-18　Cisco Packet Tracer 界面

图 1-19　参数对话框

图 1-20　"Change Language—Packet Tracer" 提示框

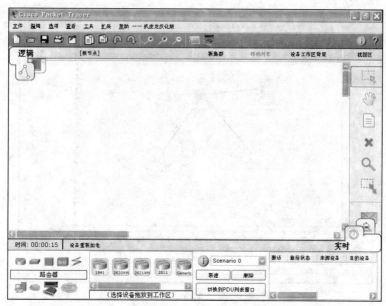

图 1-21　汉化后的 Cisco Packet Tracer 5.3 界面

2．绘制简单的网络拓扑图

1）运行 Cisco Packet Tracer 5.3，左下角依次为"路由器"、"交换机"、"集线器"、"无线设备"、"线缆"、"终端设备"、"仿真局域网"、"用户自定义设备"、"多用户连接" 9 项，每项中又有多个具体设备。

2）单击选中相应的设备，在工作区中再次单击即可完成该设备的添加操作，如图 1-22 所示。

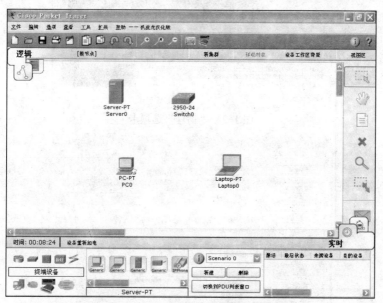

图 1-22　添加设备到设备工作区

3）选择相应的线缆，如直通线，用于设备之间连线，如图 1-23 所示。

4）单击某一设备，可以选中该设备，并进行移动或删除操作；双击某一设备，如"Server0"，在相应的选项卡中可以修改其参数，如图 1-24～图 1-26 所示。

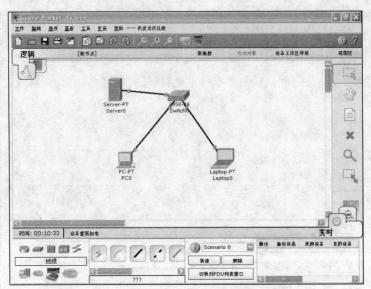

图 1-23 设备之间连线

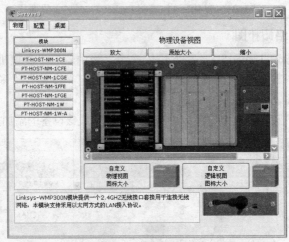

图 1-24 "物理"选项卡

图 1-25 "配置"选项卡

图 1-26 "桌面"选项卡

5）在右侧单击"标签"按钮，可以在工作区中添加文字，如"星形网络"，如图 1-27 所示。

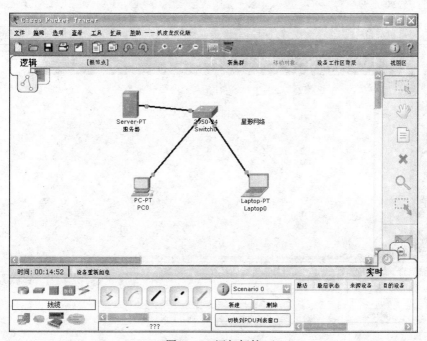

图 1-27 添加标签

6）单击"设备工作区背景"按钮，打开"选择背景图像"对话框，选择"城市"或"浏览"自定义图片，如图 1-28 所示。单击"应用"按钮，完成设置，如图 1-29 所示。

7）单击工具栏中的"调色板"按钮，打开调色板对话框，如图 1-30 所示。选择相应的图形，如圆；选择填充类型，如填充颜色；选择颜色，如红色，在设备工作区绘制图形，如图 1-31 所示。

图 1-28 "选择背景图像"对话框

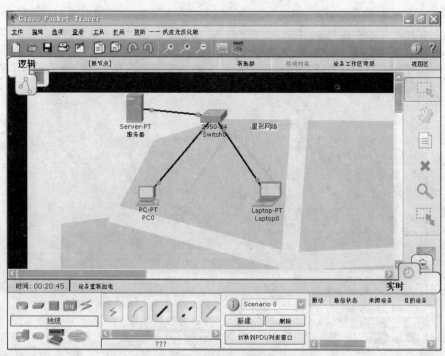

图 1-29 完成设备工作区背景设置

图 1-30 调色板对话框

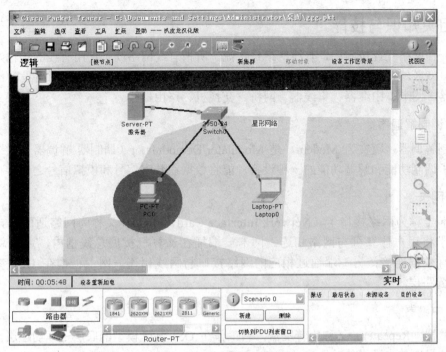

图 1-31　绘制图形效果图

8）根据调研的学校网络情况绘制网络拓扑图，如图 1-32 所示。

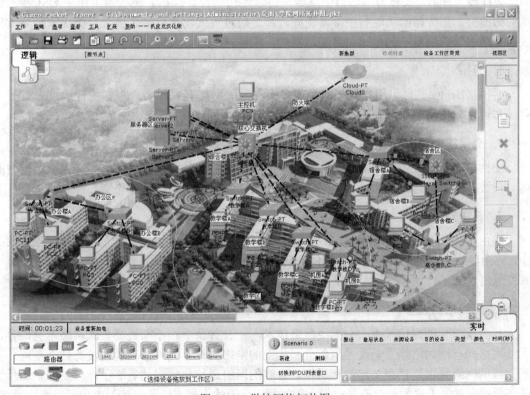

图 1-32　学校网络拓扑图

➥ 相关知识与技能

目前在网络互连技术中，有线网络是主流。所谓有线网络就是使用有线的传输媒体（同轴电缆、双绞线、光缆），再配以相应的网络设备实现数据通信。有线的网络设备一般有调制解调器、网卡、中继器、集线器、网桥、交换机、路由器等。

1．调制解调器

调制解调器，英文为 Modem，是 Modulator/Demodulator（调制器/解调器）的缩写，它是集合了调制功能和解调功能的一种设备，能将数据在数字信号和模拟信号之间转换。

2．网卡

网卡全称为网络接口卡（Network Interface Card，NIC），又称为网络适配器，在局域网中用于将用户计算机与网络相连。网卡一端插在计算机扩展总线槽内，通过总线与计算机进行数据连接；另一端通过相应的网络接口与网线相连。网卡工作在 OSI 参考模型的数据链路层。

3．中继器

中继器（Repeater）又称为转发器，它工作在 OSI 参考模型的底层——物理层，通过放大物理信号来扩大数据传输距离。

4．集线器

集线器（Hub）又称为多端口中继器，可以连接多台计算机。集线器工作在 OSI 参考模型的物理层。集线器的功能与中继器相同，都是通过放大物理信号来扩大数据传输距离。集线器是网络管理中最小的单元，是局域网的星形连接点。

5．网桥

网桥（Bridge）可以用来连接两个或多个网段的网络互联设备，根据物理地址来过滤、存储和转发数据帧。网桥工作在 OSI 参考模型的数据链路层。

6．交换机

交换机（Switch）工作在 OSI 参考模型的数据链路层，实现网络互连。交换机可以智能地分析数据包，有选择地通过相应端口发送出去，使每个端口能独享带宽。

7．路由器

路由器（Router）工作在 OSI 参考模型中的网络层，是一种负责路由的网络设备。在网络中，路由器从多条路径中寻找一条最佳的网络路径用于数据转发。路由器主要用于连接局域网和广域网。

8．无线网络设备

作为新时代的通信技术——无线网络技术，社会普及率在不断提高。就网络本身而言，无线网络和有线网络除了无线通信部分和相应的网络协议不同外，其他的没有什么不同。要把无线的网络终端连接在一起进行通信，有线的网络通信传输媒体省略了，但是网络通信设备还是必需的。无线的通信设备一般有无线网卡、无线上网卡、无线接入点和无线路由器等。

任务 3　安装/卸载网络协议

➷ 任务描述

在系统中，可以通过安装 NetWare 服务器的网关，访问 NetWare 服务器上的文件和打印机，而无须配置与所使用的 NetWare 服务器相同的协议。

➷ 任务分析

添加网络协议，添加 NetWare 网关和客户端服务。NetWare 是 Novell 公司推出的网络操作系统。NetWare 最重要的特征是基于基本模块设计思想的开放式系统结构。NetWare 是一个开放的网络服务器平台，可以方便地对其进行扩充。NetWare 系统对不同的工作平台（如 DOS、OS/2、Macintosh 等）、不同的网络协议环境（如 TCP/IP 等）以及各种工作站操作系统提供了一致的服务。

➷ 方法与步骤

1）首先用户必须在 Novell NetWare 中创建一个组，组名为 netgateway。这个组名必须为这个名字，否则将不能和 Windows 进行网关共享。

2）在 Windows XP 操作系统中，右击桌面上的"网上邻居"图标，在弹出的快捷菜单中选择"属性"命令，打开"网络连接"窗口，如图 1-33 所示。

图 1-33　"网络连接"窗口

3）双击"本地连接"图标，或右击"本地连接"图标，选择快捷菜单中的"属性"命令，打开"本地连接 状态"对话框，如图 1-34 所示。

　4）单击"属性"按钮，打开"本地连接 属性"对话框，如图 1-35 所示。

图 1-34 "本地连接 状态"对话框

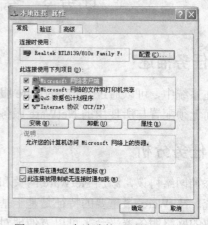

图 1-35 "本地连接 属性"对话框

　5）单击"安装"按钮，打开"选择网络组件类型"对话框，如图 1-36 所示。

　6）选择"客户端"项，单击"添加"按钮，打开"选择网络客户端"对话框，如图 1-37 所示。

图 1-36 "选择网络组件类型"对话框

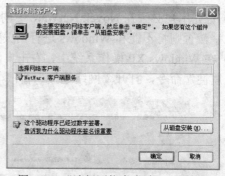

图 1-37 "选择网络客户端"对话框

　7）选择"NetWare 客户端服务"项。如果要安装的网络客户不在列表中，可以单击"从磁盘安装"按钮，浏览安装文件位置进行安装。单击"确定"按钮进行安装，安装完成后打开"本地网络"提示框，询问是否要立即重新启动计算机，如图 1-38 所示。

图 1-38 "本地网络"提示框

　8）单击"是"按钮，重新启动计算机。

　9）再次打开"本地连接 属性"对话框，就可以看到"NetWare 客户端服务"项，如图 1-39 所示。一般相应的协议会自动安装，在此可以看到协议"NWLink NetBIOS"和"NWLink IPX/SPX/NetBIOS Compatible Transport Protocol"已经安装完毕，如图 1-40 所示。

图 1-39　NetWare 客户端服务　　　　　　　图 1-40　已安装的协议

10）如果"NWLink IPX/SPX/NetBIOS Compatible Transport Protocol"没有安装上，可以添加此协议，方法是：在"选择网络组件类型"对话框中选择"协议"项，如图 1-41 所示。

11）单击"添加"按钮，打开"选择网络协议"对话框，如图 1-42 所示。

12）选择"NWLink IPX/SPX/NetBIOS Compatible Transport Protocol"。如果要安装的网络协议不在列表中，可以单击"从磁盘安装"按钮，浏览安装文件位置进行安装。单击"确定"按钮，完成安装。

图 1-41　"选择网络组件类型"对话框　　　　图 1-42　"选择网络协议"对话框

13）如果卸载"NetWare 客户端服务"，在"本地连接 属性"对话框中，选择"NetWare 客户端服务"，单击"卸载"按钮，打开"卸载 NetWare 客户端服务"提示框，如图 1-43 所示。

图 1-43　"卸载 NetWare 客户端服务"提示框

14）单击"是"按钮，重新启动计算机，完成卸载操作。

15）如果卸载"NWLink IPX/SPX/NetBIOS Compatible Transport Protocol"协议，在"本地连接 属性"对话框中，选择"NWLink IPX/SPX/NetBIOS Compatible Transport Protocol"，单击"卸载"按钮，打开"卸载 NWLink IPX/SPX/NetBIOS Compatible Transport Protocol"提示框，如图 1-44 所示。

图 1-44 "卸载 NWLink IPX/SPX/NetBIOS Compatible Transport Protocol"提示框

16）单击"是"按钮，重新启动计算机，完成卸载操作。

➦ 相关知识与技能

为了实现计算机网络中的通信或者数据交换而建立的规则或标准称为网络通信协议。通信协议对网络信息传输过程中的传输速率、传输代码、代码结构、传输控制、出错控制等进行了详细的规定。

实际生活中，人与人之间的交互所使用的通信规则无处不在。例如，在使用邮政系统发送信件时，信封必须按照一定的格式书写（如收信人和发信人的地址必须在指定的位置书写），否则，信件可能不能到达目的地；同时，信件的内容也必须遵守一定的规则（如使用中文书写），否则，收信人就不可能理解信件的内容。

如同人与人之间相互交流需要遵循一定的规矩一样，计算机之间的相互通信也需要共同遵守一定的规则。由于计算机网络中包含了多种计算机系统，它们的硬件和软件系统各异，要使它们之间能够相互通信，就必须有一套通信管理机制，使得通信双方能正确地接收信息，并能理解对方所传输信息的含义。也就是说，当用户应用程序、文件传输信息包等互相通信时，它们必须事先约定一种规则。

为了使计算机网络中的任意两个节点能进行对话，必须在它们之间建立接口，使彼此之间能进行信息交换。接口包括两部分：一是硬件装置，用于实现节点间的信息传送；二是软件装置，其功能是规定双方进行通信的协议。

网络协议由语法、语义和时序三部分组成。

1）语法（Syntax）：以二进制形式表示的命令和相应的结构，如数据与控制信息的格式、数据编码等。

2）语义（Semantics）：由发出的命令请求、完成的动作和返回的响应组成的集合，其控制信息的内容和需要做出的动作及响应。

3）时序（Timing）：定义何时做，规定事件实现顺序的详细说明，即确定通信状态的变化和过程，如通信双方的应答关系。

为了减少网络协议设计的复杂性，网络的通信规则也不是一个网络协议可以描述清楚的。协议的设计者并不是设计一个单一、巨大的协议来为所有形式的通信规定完整的细节，而是采用把复杂的通信问题按一定层次划分为许多相对独立的子功能，然后为每一个子功能设计一个单独的协议，即每层对应一个协议。因此，在计算机网络中存在多种协议，每一种协议都有其设计目标和需要解决的问题。同时，每一种协议也有其优点和使用限制。这样做的主要目的是使协议的设计、分析、实现和测试简单化。

协议的划分应保证目标通信系统的有效性和高效性。为了避免重复工作，每个协议应该处理没有被其他协议处理过的那部分通信问题。同时，这些协议之间也可以共享数据和信息。例如，有些协议是工作在较低层次上，保证数据信息通过网卡到达通信电缆；而有些协议工作在较高层次上，保证数据到达对方主机上的应用进程。这些协议相互作用、协同工作，共同完成整个网络的信息通信，处理所有的通信问题和其他异常情况。

 项目实训：绘制学校计算机网络拓扑图及布线图

项目环境：学校网络环境。

项目要求：安装 Cisco Packet Tracer 5.3，熟悉网络图符；利用 Cisco Packet Tracer 5.3 绘制学校网络拓扑图，包括核心层、汇聚层、接入层；手工绘制学校等比例的网络布线图。

项目评价：

项目实训评价表

内 容			评 价		
学习目标		评价项目	优	合格	不合格
职业能力	熟练使用 Cisco Packet Tracer 5.3	熟练安装 Cisco Packet Tracer 5.3			
		熟练使用网络图符			
	绘制学校整体校园网络拓扑图及布线图	调研学校网络状况			
		绘制网络拓扑图及布线图			
	解决问题能力				

主要步骤：	优
	合格
综合评价	
	不合格
指导教师： 　　年　月　日	

第 2 章　家庭双机和三机四卡组建对等网

随着科技的不断发展，计算机价格不断下降，拥有多台计算机的家庭越来越多。但是独立的几台计算机已经不能满足人们对于网络资源共享的要求。家庭成员之间更希望能够共同浏览网页、共用一台打印机、玩联机游戏等，因而在家中组建小型的局域网便成为了大多数人的迫切要求，其中又以家庭双机和三机的连接最为常见。

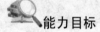

能力目标

● 了解对等网的网络特性和设备要求。
● 掌握双机直连组网方式。
● 熟练实现一线多机上网。
● 掌握文件共享的设置。

任务 1　使用双绞线进行双机直连组网

➥ 任务描述

家中有两台计算机，不需要连接 Internet，只想单纯实现两机之间的互连，实现简单的资源共享和数据传输。

➥ 任务分析

多台计算机组建家庭网络通常采用交换机构建星形网络，但这样必然会增加交换机的成本，因而当计算机的数目很少，尤其只有两台时，使用双绞线进行双机直连的方式组网是比较理想的选择，尤其对于一般非计算机专业人士来说，操作更为简单。

➥ 方法与步骤

1．选择双绞线

选择一根交叉双绞线，即一端为 TIA/EIA-568-A（简称 T-568-A）标准，一端为TIA/EIA-568-B（简称 T-568-B）标准。

2．连接计算机

将两台计算机的网卡接口用双绞线直接连在一起。

3．网络参数的设置。

（1）TCP/IP 网络参数的设置　一台计算机要想连入 Internet，就必须要从 ISP（互联网供应商）处获得一个唯一的 IP 地址。对于一个家庭网络来说，如果不连入 Internet 中，只是在家庭内部组建小型局域网，那么其实配置什么样的 IP 地址都可以，但是通常我们习惯于使用私有 IP 地址，具体地址范围见表 2-1。

表 2-1 私有 IP 地址段

分　类	IP 地址范围	子网掩码
A	10.0.0.0～10.255.255.255	255.0.0.0
B	172.16.0.0～172.31.255.255	255.255.0.0
C	192.168.0.0～192.168.255.255	255.255.255.0

从表 2-1 中可以看出，私有 IP 地址分为 A、B、C 三类，分别可以满足不同规模网络的需要。其中，对于 C 类地址来说，可以满足拥有 254 个节点的网络，这对于一般的家庭网络来说已经足够。这里我们以两台计算机的网络为例，选择 192.168.1.0 这个网段，使用其中的两个 IP 地址 192.168.1.100 和 192.168.1.101，具体设置步骤如下：

1）选择"开始"→"设置"→"网络连接"命令，打开"网络连接"窗口，如图 2-1 所示。如果已经安装了网卡及网卡驱动程序，在该窗口中会显示"本地连接"图标。

图 2-1 "网络连接"窗口

2）右击"本地连接"图标，选择"属性"命令，打开"本地连接 属性"对话框，如图 2-2 所示。

3）在"常规"选项卡中双击"Internet 协议（TCP/IP）"复选框，打开"Internet 协议（TCP/IP）属性"对话框，在"IP 地址"和"子网掩码"文本框中分别输入"192.168.1.100"和"255.255.255.0"，如图 2-3 所示。如果家庭网络只是想组建局域网，而不需要连接Internet，默认网关和 DNS 服务器地址均不需要设置。

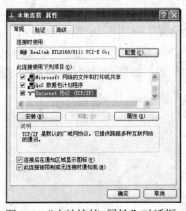

图 2-2 "本地连接 属性"对话框

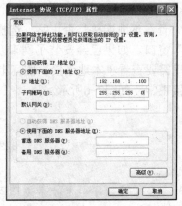

图 2-3 "Internet 协议（TCP/IP）属性"对话框

第二台计算机的设置方法同上。

（2）工作组的设置 对于家庭网络来说，在硬件连接无误后，还要对其进行工作组的设置。所谓工作组就是将不同的计算机按照功能列入不同的组，以方便管理。在家庭网络中，通常所有计算机都具有相同的工作组名和不同的计算机名。下面以两台计算机的家庭网络为例，介绍工作组的设置方法，其中两台计算机名分别为 user1 和 user2，工作组名为 WORKGROUP。

1）在桌面上右击"我的电脑"图标，选择"属性"命令，打开"系统属性"对话框，切换到"计算机名"选项卡，如图 2-4 所示。

2）单击"更改"按钮，弹出"计算机名称更改"对话框，在"计算机名"和"工作组"文本框中分别输入"user1"及"WORKGROUP"即可，如图 2-5 所示。

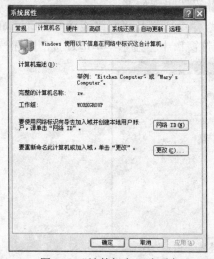 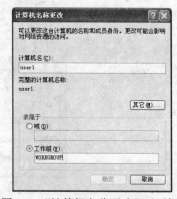

图 2-4 "计算机名"选项卡　　　　图 2-5 "计算机名称更改"对话框

3）单击"确定"按钮后系统会提示重新启动计算机，至此完成计算机名和工作组名的修改操作。

第二台计算机的设置方法同上。

4. 网络的检测

在硬件连接和网络设置完成后，为了确保网络的连通性，还需要对其进行最终的网络测试工作。网络测试通常主要有以下几个步骤：

（1）查看本地连接是否正常 选择"开始"→"设置"→"网络连接"命令，打开"网络连接"窗口。如果已经安装了网卡及网卡驱动程序，在该窗口中会显示"本地连接"图标。这里需要查看"本地连接"图标上是否带有红色的叉，如果有就说明连接有问题，否则说明连接正常，如图2-6所示。

a)　　　b)

图 2-6 "本地连接"图标

a）有红色的叉　b）无红色的叉

本地连接不正常一般主要有以下两个原因：

1）网线没有插好。此时需要检查机箱后面的网卡接口处是否松动。

2）网线本身有问题。此时需要通过测线仪进行检测。

（2）使用网络命令测试网络

1）使用 ipconfig 命令查看网络参数设置是否正确。ipconfig 命令主要用于查看 TCP/IP 的有关配置，通常包括 IP 地址、子网掩码、网关等。具体的操作方法如下：

① 选择"开始"→"运行"命令，打开"运行"对话框，在"打开"文本框中输入"cmd"，如图 2-7 所示。单击"确定"按钮进入 MS-DOS 命令窗口，如图 2-8 所示。

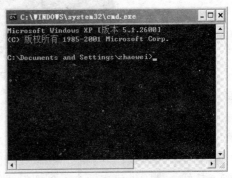

图 2-7　"运行"对话框　　　　　　　　　　　　图 2-8　MS-DOS 命令窗口

② 在光标处输入命令"ipconfig"，如果网络连接正常，将显示本机的 IP 地址、子网掩码和默认网关，如图 2-9 所示。如果想查看更多的网络参数，可在光标处输入命令"ipconfig/all"，结果如图 2-10 所示。

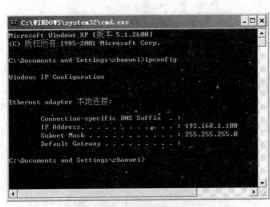

图 2-9　ipconfig 命令显示结果　　　　　　　　　图 2-10　ipconfig/all 命令显示结果

2）使用 ping 命令测试网络的连通性。ping 命令主要用于测试局域网中任意两台计算机之间、计算机与网关之间或者计算机与任意网站之间是否连通。其格式为

ping　目的主机的 IP 地址/网关地址/网站 IP 地址或域名

例如，这里要测试本机与局域网中另一台计算机（IP 地址为 192.168.1.101）之间是否连

通，可使用命令 ping 192.168.1.101，如果连通，结果如图 2-11 所示。

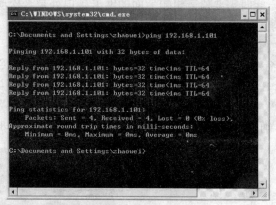

图 2-11　ping 命令显示结果

➡ 相关知识与技能

双绞线的制作方法如下：

1）剥线。用压线钳的剥线口将双绞线的外皮剥去 3cm 左右，如图 2-12 所示。

2）排线。剥除外包皮后会看到双绞线的 4 对芯线，如图 2-13 所示。将绞在一起的芯线分开，一头按照 T-568-B 的标准线序排好，另一头按照 T-568-A 的标准线序排好。

图 2-12　剥线示意图

图 2-13　排线示意图

3）理线。将 8 根导线平坦、整齐地平行排列，导线间不留空隙。然后用剥线钳的剪线刀口将 8 根导线剪断，注意要剪得很整齐，如图 2-14 所示。

4）插线。使 RJ-45 插头的弹簧卡朝下，将排好的双绞线插入 RJ-45 插头中，如图 2-15 所示。注意每根线要放入 RJ-45 插头的每个引脚中，并且要将线插到底部。由于 RJ-45 插头是透明的，因此可以观察到每条芯线插入的位置。

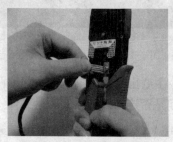

图 2-14　理线示意图

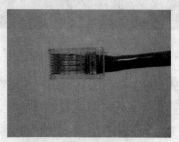

图 2-15　插线示意图

5）压线。将 RJ-45 插头放入压线钳的压头槽内，双手紧握压线钳的手柄，用力压紧，一般会听见"咔"的一声，如图 2-16 所示。

6）测线。将双绞线的两端分别插入网线测试仪的 RJ-45 接口，如图 2-17 所示，并接通测试仪电源。如果测试仪上的 8 个绿色指示灯都顺利闪烁，说明制作成功；如果其中某个指示灯未闪烁，则说明插头中存在断路或者接触不良的现象。此时应再次对网线两端的 RJ-45 插头用力压一次并重新测试。如果依然不能通过测试，则只能重新制作。

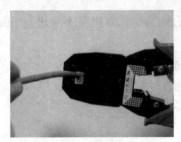
图 2-16　压线示意图

图 2-17　测线示意图

任务 2　用 Windows XP 实现一线多机上网

➥ 任务描述

家中有 3 台计算机，想组建小型局域网，并可同时连入 Internet，但是只想申请一个网络账户。

➥ 任务分析

组建该网络主要需解决以下两方面的问题：

1）当计算机的数目多于两台时，不能再直接用双绞线连接，而是需要采用网络连接设置（如交换机）进行星形网络连接。

2）要想使 3 台计算机同时连入网络，并且只申请一个账户，通常有两种方式：第一种是使用代理服务器实现共享上网，即用一台计算机作为服务器，在其上面安装代理服务器软件设置共享上网，其余的计算机便可通过该计算机访问 Internet；第二种方式是将交换机换成宽带路由器，在路由器上设置网络账户，将其作为服务器，所有计算机地位平等。本节我们采用代理服务器的方式共享接入 Internet。

对于中小型规模的网络来说，可供选择的代理服务器软件主要有 4 款，分别为 ICS、SyGate、WinGate 和 Microsoft ISA。其中，ICS 适用于家庭网络；SyGate、WinGate 适用于中小型网络；Microsoft ISA 适用于大型网络。本节采用 ICS 共享接入方式，这种方式是所有代理服务器方式中最简单的一种，无需安装第三方代理软件即可实现小型局域网中多台计算机接入 Internet。当然，如果接入用户数量较多，可能会严重影响传输效果。

ICS 方案具有以下优点：

1）系统兼容性好。由于 ICS 不是第三方软件，而是内置于 Windows 操作系统，所以与系统兼容性较好。

2）服务设置简单。只需简单地在"宽带连接 属性"对话框中设置，即可完成 Internet 连接共享。

3）客户无须设置。客户端无须做任何修改，即可共享各种 Internet 服务。

4）适用各种连接。

同时 ICS 方案也具有以下缺点：

1）依赖 ICS 主机。作为 ICS 的主机不能关机，否则其他计算机将不能进行 Internet 共享上网。

2）需要两个连接。ICS 主机必须拥有两个连接才能实现 Internet 共享，一个是 LAN 连接，用于实现与客户端的通信；另一个是 Internet 连接，用于实现 Internet 接入。

➡ 方法与步骤

1．硬件连接

按照拓扑图将 ADSL Modem、交换机及计算机连接好。拓扑图如图 2-18 所示。

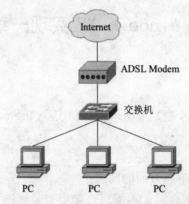

图 2-18　家庭连入 Internet 拓扑图

2．ICS 主机设置

作为 ICS 的计算机，由于需要有两个连接，因而需要安装两块网卡，一个用于连接 Internet，一个用于连接局域网。

（1）建立 ADSL 宽带连接

1）选择"开始"→"控制面板"命令，打开"控制面板"窗口，在其中双击"网络连接"图标，打开"网络连接"窗口，如图 2-19 所示。

2）在左侧的"网络任务"栏中，单击"创建一个新的连接"，打开"新建连接向导"对话框。单击"下一步"按钮，进入"网络连接类型"界面，这里选择"连接到 Internet"单选按钮，如图 2-20 所示。

3）单击"下一步"按钮，进入"准备好"界面，这里选择"手动设置我的连接"单选按钮，如图 2-21 所示。

4）单击"下一步"按钮，进入"Internet 连接"界面，这里选择"用要求用户名和密码的宽带连接来连接"单选按钮，如图 2-22 所示。

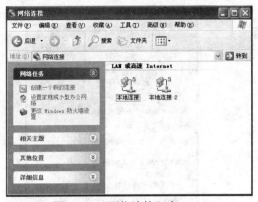

图 2-19　"网络连接"窗口

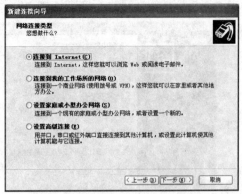

图 2-20　"网络连接类型"界面

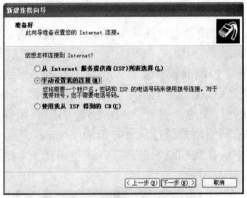

图 2-21　"准备好"界面

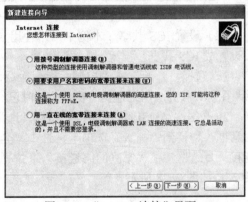

图 2-22　"Internet 连接"界面

5）单击"下一步"按钮，进入"连接名"界面，在"ISP 名称"文本框中输入网络连接的名字，可以随意输入。这里输入"ADSL 宽带连接"，如图 2-23 所示。

6）单击"下一步"按钮，进入"Internet 账户信息"界面，在"用户名"和"密码"文本框中输入从 ISP 获得的宽带上网账户和密码，如图 2-24 所示。

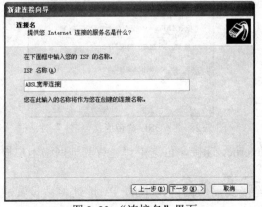

图 2-23　"连接名"界面

图 2-24　"Internet 账户信息"界面

7）单击"下一步"按钮，进入"正在完成新建连接向导"界面。如果需要在桌面上建立一个宽带拨号快捷方式，可将"在我的桌面上添加一个到此连接的快捷方式"复选框选中，如图 2-25 所示。单击"完成"按钮，弹出"连接 ADSL 宽带连接"对话框，如图 2-26 所示，单击"连接"按钮即可进行宽带连接。

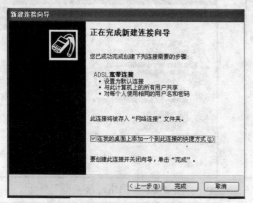

图 2-25　"正在完成新建连接向导"界面　　　　图 2-26　宽带连接登录界面

（2）设置 ICS 共享　本例中网络使用 ADSL 虚拟拨号上网连接 Internet，因而应将该连接设置成 ICS 共享。

1）选择"开始"→"控制面板"命令，打开"控制面板"窗口，在其中双击"网络连接"图标，打开"网络连接"窗口，此时已经出现"ADSL 宽带连接"图标，如图 2-27 所示。

2）右击"ADSL 宽带连接"图标，选择"属性"命令，打开"ADSL 宽带连接 属性"对话框，切换到"高级"选项卡，选中"允许其他网络用户通过此计算机的 Internet 连接来连接"复选框，在"家庭网络连接"下拉列表框中选择到局域网的连接，这里选择"本地连接 2"，如图 2-28 所示。

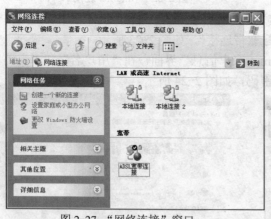

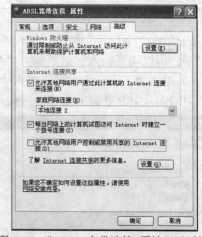

图 2-27　"网络连接"窗口　　　　图 2-28　"ADSL 宽带连接 属性"对话框

注意：如果要使客户端也可以管理共享的 Internet 连接，可选中"允许其他网络用户控制或禁用共享的 Internet 连接"复选框。

3）单击"确定"按钮，系统会提示用户连接到局域网的网卡的 IP 地址将被设置成 192.168.0.1。单击"是"按钮，ICS 设置完成。

3．ICS 客户端设置

将两台客户端计算机的 IP 地址设置在 192.168.0.2～192.168.0.254 之间，将"默认网关"

设置为"192.168.0.1"，将"首选 DNS 服务器"设置为"192.168.0.1"。这里将两台客户机的 IP 地址分别设置为"192.168.0.100"和"192.168.0.101"，如图 2-29 所示。

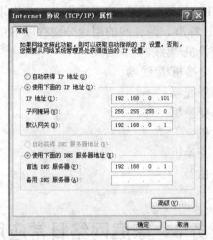

图 2-29　"Internet 协议（TCP/IP）属性"对话框

4. 网络测试

在客户机上打开浏览器，输入某网站网址，如 www.163.com，出现如图 2-30 所示的网页，证明 ICS 设置正确。

图 2-30　网页示意图

相关知识与技能

双绞线中有 4 组线（共 8 根），在和 RJ-45 插头连接时，有两种不同的标准，分别为 TIA/EIA-568-A 和 TIA/EIA-568-B。两种标准的线序分别如下：

TIA/EIA-568-A 的线序：绿白　绿　橙白　蓝　蓝白　橙　棕白　棕

TIA/EIA-568-B 的线序：橙白　橙　绿白　蓝　蓝白　绿　棕白　棕

根据双绞线两端是否使用同一连接标准，将双绞线分为直通线和交叉线。直通线即两端的标准相同，通常都为 TIA/EIA-568-B 标准；交叉线即两端标准不同，一端为 TIA/EIA-568-A 标准，一端为 TIA/EIA-568-B 标准。两种线的用途分别有以下几种：

1）直通线：主机——交换机/集线器

路由器——交换机/集线器

2）交叉线：集线器——集线器

交换机——交换机

主机——主机

集线器——交换机

主机——路由器

任务 3　家庭网络日常应用

➤　任务描述

在家庭网络中实现文件共享。

➤　任务分析

在家庭网络中实现文件共享通常有两种方法：第一种是简单文件共享，这种方法只能实现文件共享，没有太多的功能，操作较为简单；第二种是高级文件共享，这种方法在共享文件时可以为不同用户设置不同的文件访问权限，功能性更强，不过操作相对复杂一点。

➤　方法与步骤

1. 简单文件共享

简单文件共享是 Windows XP 操作系统内置的一项功能。该功能默认是开启的，由于设置方法简单，非常适合计算机初学者。简单文件共享可以对文件夹和磁盘实现共享。方法如下：

1）在要共享的文件夹上右击，选择"共享和安全"命令，弹出"共享"选项卡，将"在网络上共享这个文件夹"复选框选中，在"共享名"文本框中输入该文件夹在网络上共享的名字，通常共享名是该文件夹本身的名字，如无特殊需要，不需更改，如图 2-31 所示。

2）如果只想让其他人访问该文件夹，不想让其修改，则不要勾选"允许网络用户更改我的文件"复选框，因为启用了该功能，其他用户就可以对该文件进行写入或删除等操作，安全性降低。

2. 高级文件共享

高级文件共享可以对文件共享进行更加详细的设置，功能更为强大。具体操作如下：

1）取消"简单文件共享"。打开"我的电脑"窗口，选择菜单栏中的"工具"→"文件夹选项"命令，切换到"查看"选项卡，取消勾选"使用简单文件共享（推荐）"复选框，如图 2-32 所示，单击"确定"按钮即可。

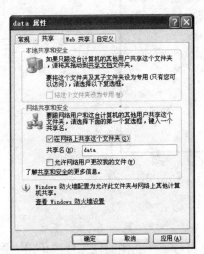
图 2-31 "共享"选项卡

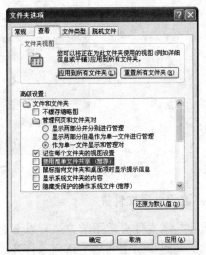
图 2-32 "查看"选项卡

2）基本设置。在要共享的文件夹上右击，选择"共享和安全"命令，弹出"共享"选项卡，选择"共享此文件夹"单选按钮，共享名默认和文件夹名相同，可以更改。在"注释"文本框中可为共享文件夹添加相应说明。在"用户数限制"选项组中可以限制同时访问该文件夹的人数，这里设置为 3 人，则第 4 个人将无法同时访问，如图 2-33 所示。

3）用户权限设置。单击"权限"按钮，打开"file 的权限"对话框，在这里可以为特定用户或组设置访问该文件夹的权限。例如，要设置"Everyone"组的权限，在"组或用户名称"列表框中选择"Everyone"，在"Everyone 的权限"列表框中选择相应的权限，默认权限为"读取"，可根据需要更改，如图 2-34 所示。

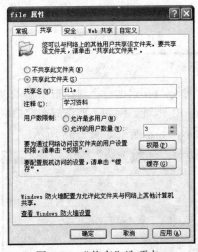
图 2-33 "共享"选项卡

图 2-34 "file 的权限"对话框

4）如果想添加其他用户，为其设置访问权限，可依次单击按钮"添加"→"高级"→"立即查找"，在"组或用户名称"列表框中选择相应用户即可。

设置完共享文件夹，文件夹上会出现一个手向上托的图标，即表示该文件夹为共享文件夹，如图 2-35 所示。

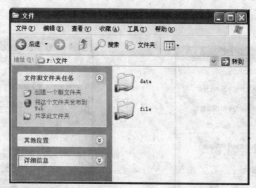

图 2-35　共享文件夹

3. 访问共享文件夹

访问共享文件夹常用的方法有以下 2 种:

（1）通过"网上邻居"访问　打开"我的电脑"窗口,在左侧的任务栏中单击"网上邻居",打开"网上邻居"窗口,在左侧的任务栏中单击"查看工作组计算机",就可看到本工作组(即 Workgroup 工作组)中的所有计算机,在其中双击共享文件夹所在的计算机名即可,如图 2-36 所示。

图 2-36　工作组计算机

（2）使用"运行"命令　选择"开始"→"运行"命令,在"运行"对话框中输入"\\共享文件夹所在的计算机名"或\\共享文件夹所在的计算机的 IP 地址。例如,要访问在客户机 user1 上设置的共享文件夹 data 和 file,输入命令如图 2-37 所示,显示结果如图 2-38 所示。

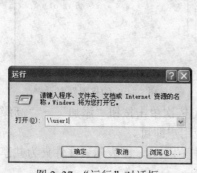

图 2-37　"运行"对话框

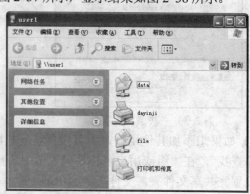

图 2-38　user1 共享文件夹

➡ 相关知识与技能

在家庭网络中，最主要的目的就是实现资源的共享。除了设置共享文件夹外，还可以使用现有的软件来实现这一目的，目前较为常用的软件是"飞鸽传书"，具体的使用方法如下：

1. 选项设置（功能参数设置）

在"飞鸽传书"图标上右击，选择"选项设置"命令，打开"选项设置"对话框，如图 2-39 和图 2-40 所示。

可在"姓名"文本框中输入用户的真实姓名，在"分组"文本框中输入用户所属的部门，以方便同事之间交流。单击"详细/记录 设置"按钮可进行更多细节设置。

在"详细/记录 设置"对话框中，可以设置是否启用通信记录，以及记录文件的存放位置等，如图 2-41 所示。

  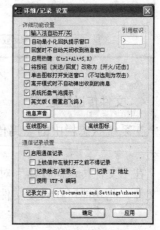

图 2-39　选择"选项设置"命令　　图 2-40　"选项设置"对话框　　图 2-41　"详细/记录 设置"对话框

2. 发送消息、传输文件和文件夹

1）单击系统状态栏中的"飞鸽传书"图标，即可打开发送窗口。

2）在用户列表中选择接收者（可多选）。

3）可在下方的信息栏中输入要发送的信息，然后单击"发送"按钮。也可在发送窗口上右击，选择"传送文件"或"传送文件夹"命令，然后单击"发送"按钮，如图 2-42 所示。

图 2-42　发送窗口

3．接收消息和文件

当收到别人发给你的文件时，将弹出"收到消息"对话框，如图 2-43 所示。

单击该文件，选择要保存文件的位置，如图 2-44 所示。如果是接收多个文件，可以勾选"全部"复选框。

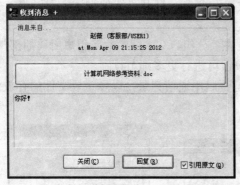

图 2-43　"收到消息"对话框

图 2-44　"保存文件"对话框

4．文件传送监控

在系统状态栏中的飞鸽传书图标上右击，选择 "文件传送监视器"命令，如图 2-45 所示。

在"文件传送监视器"对话框中，可以选择删除已经发出但接收者尚未保存（下载）完的文件。此功能可在误发文件时使用，如图 2-46 所示。

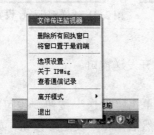

图 2-45　选择"文件传送监视器"命令

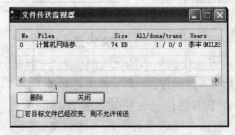

图 2-46　"文件传送监视器"对话框

项目实训：组建家庭局域网

项目环境：计算机 3 台；网卡 1 块；交换机 1 台；螺钉旋具；压线钳子；双绞线；RJ-45 插头；测线器；Windows XP 系统光盘。

项目要求：双机直连组建局域网和 ICS 共享组建局域网。使用 ADSL Modem 与 Internet 实现连接。

项目评价:

<h2 style="text-align:center">项目实训评价表</h2>

	内　容		评　价		
	学 习 目 标	评 价 项 目	优	合格	不合格
职业能力	双机直连组建局域网	双绞线制作			
		掌握 TCP/IP 参数的设置方法			
		掌握网络的检测方法			
	ICS 共享组建局域网	掌握 ICS 主机的设置方法			
		掌握 ICS 客户机的设置方法			
	家庭网络日常应用	掌握简单文件共享的方法			
		掌握高级文件共享的方法			
		掌握共享文件的查看方法			
	解决问题能力				

主要步骤:	优
	合格
综合评价	
	不合格
指导教师: 　　　年　月　日	

第3章　宿舍多机组网

学生宿舍中一般都会存在多台计算机共享上网的需求，即一个账户多台机器共用，这样有利于控制上网成本，提高带宽利用率，便于局域网内的文件传输和互连协作，对于提高宿舍局域网络的安全性也有一定的作用。

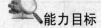能力目标

- 掌握网络设置与检测的基本方法。
- 掌握宽带路由器的设置方法。
- 掌握代理软件 Sygate 的使用方法。
- 掌握局域网中个人主页的发布方法。

任务 1　功能描述与硬件假设

↘　任务描述

计算机在大学生宿舍里已经比较普及，宿舍局域网的功能通常有：

1）共享一条电话线和一个调制解调器（或者是一个光纤猫和一条光纤或者是一条网线）上网。

2）在局域网中传送文件。

3）联机玩局域网网络游戏。

4）几台计算机共用一台打印机。

实际上，不同的局域网能够实现的功能大部分都是类似的。本章没有介绍的局域网的其他功能可参考其他章节的内容。

↘　任务分析

为了实现上述功能，要做以下一些硬件的假设：假设宿舍共有 3 台计算机，并且只申请了一条网线，网络经由电话线和调制解调器（即猫）接入，需要的硬件首先是一台调制解调器；3 台计算机需要连接在一起，所以需要一个交换机；如果要共享上网，还需要一个宽带路由器或者是一个代理软件。

↘　方法与步骤

1）到所在学校的网络管理中心登记、缴费，申请开通网络。

2）准备材料，即购买调制解调器（见图 3-1）或光纤猫（也称光电猫，见图 3-2），根据宿舍的网络接入环境来确定具体需要哪一种。如果是局域网直接接入，即在宿舍的墙上有网线（双绞线）接口，则不需要上述设备。

图 3-1　调制解调器

图 3-2　光纤猫及接口

3）购置一个宽带路由器（见图 3-3）和若干网线。如果费用有限，也可以考虑不购买路由器，从网上下载一个代理软件，从而实现一线多机上网。路由器的接口数量依据宿舍的计算机数量而定。

图 3-3　宽带路由器

4）安装网线，设置路由器或代理软件，实现共享上网。（具体设置方法见任务 3）

➡ 相关知识与技能

判断接入方式的方法一般是看接口或者是插头。如果墙上的信息插座里是一个较小的"凸"形接口，则是电话线接口，即 RJ-11 接口；若是一个较大的则是双绞线接口，即 RJ-45 接口。网通和电信的光纤入户方式已经在很多学校普及，如果信息插座里只引出一根光纤也并不奇怪，买一个光纤猫就可以了。现在的宿舍基本不会再使用同轴电缆接入网络。

如何决定要采用的方案，宽带路由器还是代理软件？代理软件可以从网上免费下载，然后安装在宿舍的某台计算机上。不使用路由器意味着其他人上网都要通过这台计算机，这台计算机需要一直开机，并且配置要好一点。而宽带路由器方案则意味着由路由器来代替某台作为代理服务器的计算机，不再需要什么代理软件了，也不需要有计算机一直开着，设置一下路由器就可以上网了。

网线是必需的，即使使用的是无线路由器，也至少需要一根网线。网线的做法这里两端都要求遵循 T-568-B 标准，即白橙、橙、白绿、蓝、白蓝、绿、白棕、棕，非标准的做法会给你的宿舍网络带来连通性隐患。

任务 2　网络的设置与检测

➡ 任务描述

在准备好上述设备和条件之后，需要检测一下一台计算机通过宿舍的接口是否真的能上网，这需要先进行设置。

↘ 任务分析

在登记注册之后，学校通常会提供一个账户和密码，还有一个可以填写这些的客户端，也可能只是一个 IP 地址、子网掩码、网关地址和 DNS 地址。就是说如果只有一台计算机，安装上客户端，输入用户名和密码就可以上网了；或者是输入网络中心分配的 IP 地址和网关等内容后就可以直接上网。

↘ 方法与步骤

1）连接电话线、调制解调器和计算机，连接方式如图 3-4 所示。

2）客户端的安装配置这里以中国联通的"宽带我世界"为例。

① 运行安装程序，接受软件版权协议并确认或更改安装目录，如图 3-5 所示。

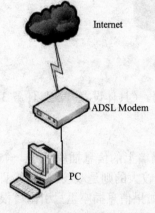

图 3-4 调制解调器的连接

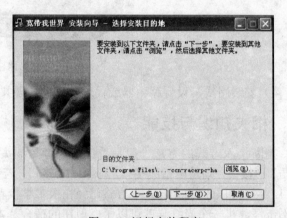

图 3-5 运行安装程序

② 单击"下一步"按钮，安装程序将自动进行安装操作，如图 3-6 所示。

③ 安装成功以后将出现安装完成界面，如图 3-7 所示。

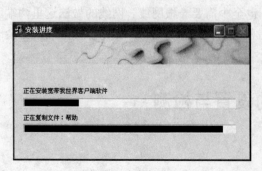

图 3-6 安装操作

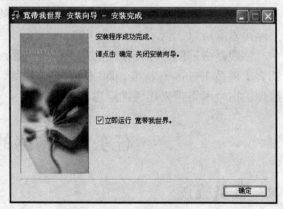

图 3-7 安装完成

④ 运行后填写用户名和密码，单击"确定"按钮，如图 3-8 所示。

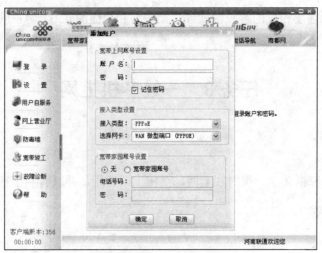

图 3-8　填写用户名和密码

如果单击"确定"按钮后能够正常上网，则测试通过；如果连接、填写都正确但不能上网，则需要联系网络中心或运营商处理。

3）如果只给了地址而不需要安装客户端的话，则在"Internet 协议（TCP/IP）属性"对话框中填写地址即可，但在申请时需向学校提供计算机的 MAC 地址。

① MAC 地址查询方法是，选择"开始"→"运行"命令，输入"cmd"后按<Enter>键，在出现的 MS-DOS 命令窗口中输入"ipconfig /all"即可看到，如图 3-9 所示。

② 在"Internet 协议（TCP/IP）属性"对话框中填写 IP 地址，如图 3-10 所示。

图 3-9　本机 MAC 地址查询

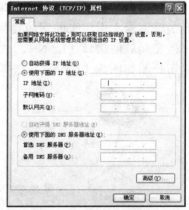

图 3-10　填写 IP 地址

相关知识与技能

电话、调制解调器和计算机的连接方法是：一般先用电话线连接到调制解调器的对应接口。注意，调制解调器上还有一个接口是连接宿舍电话机的，端口旁有标记，不要接错。然后用双绞线连接调制解调器上的网线接口，并将另一端连到计算机的网卡上。最后再安装客户端进行拨号。

关于客户端，并不是每个学校都需要安装，也不是每个学校的客户端都一样。常见的客户端有联通的"宽带我世界"以及电信和移动的客户端软件。有的学校使用基于交换机端口的 802.1x 认证，也需要相应的客户端软件，如华为和锐捷的 dot1x 客户端等，具体情况需要具体对待。

任务 3   一线多机上网

➥ 任务描述

宿舍的多台计算机共享一根网线上网，平摊上网费用，并且有利于宿舍内的文件共享和联机作业等。

➥ 任务分析

多台计算机共享上网的准备部分见本章的任务 1 和任务 2，即先准备软件、硬件及接入方案。

这里分为两种方案：软件代理方案和宽带路由器方案。软件代理方案是指不购买宽带路由器，只需要增加一台桌面型交换机，并将宿舍所有的计算机都接在这个交换机上，把网络的进线也接在上面，然后在其中的某台计算机上安装代理软件 Sygate 服务器端，其他计算机上安装 Sygate 客户端，经过设置后其他计算机也能上网。这种方案的缺点是其他计算机上网时这台计算机需要一直开着。连接拓扑图如图 3-11 所示。

第二种是宽带路由器方案，即将图 3-11 中的交换机换成宽带路由器，不同的是要将调制解调器上引出来的网线接到路由器的广域网接口（WAN 口），宿舍中所有的计算机都接在局域网接口（LAN 口）上，将路由器进行配置后，所有的计算机都可以上网。连接拓扑图如图 3-12 所示。

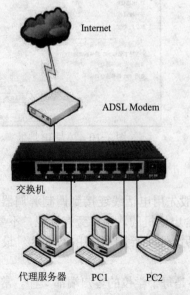

图 3-11   软件代理方案组网拓扑图

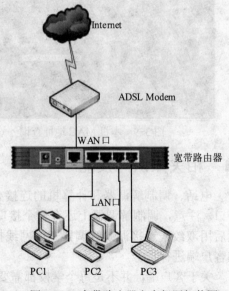

图 3-12   宽带路由器方案组网拓扑图

✍ 方法与步骤

1．软件代理方案

1）按照上述分析中的方法（见图 3-11）连接调制解调器、交换机和计算机。

2）在任一台计算机上安装 Sygate 服务器端，但需要确保该计算机已经能独立上网，设置方法见本章的任务 2。以下是代理其他计算机上网的设置步骤。

① 在这台能上网的计算机上安装代理软件 Sygate，如图 3-13 所示。

图 3-13　代理软件 Sygate 安装初始界面

② 安装过程中，可一直单击"下一步"按钮，直到出现"安装设置"对话框，需要选择"服务器模式-这台计算机有 Internet 连接"单选按钮，并且确定宿舍中的计算机都有不同的名字，如图 3-14 所示。

当出现"Sygate 网络诊断"提示框时，说明网络诊断完成，可直接单击"确定"按钮，如图 3-15 所示。

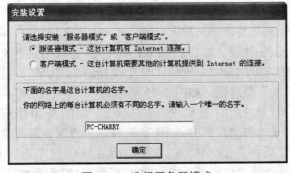

图 3-14　选择服务器模式

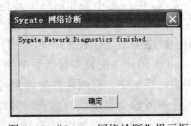

图 3-15　"Sygate 网络诊断"提示框

③ 打开"指定 NAT 网关 IP"对话框，该地址可使用默认设置，也可手动修改，这里使用单网卡来降低成本。Sygate 软件会检测到该计算机只有一块网卡，它需要分配一个 IP 地址来模拟所代理的计算机的网关地址。直接使用默认的 IP 地址 192.168.0.1 即可，单击"是"按钮，如图 3-16 所示。

④ Sygate 软件安装完成后，运行该软件，默认为开启状态，Internet 共享状态为 online，如要关闭可以单击左上角的"停止"按钮，如图 3-17 所示。

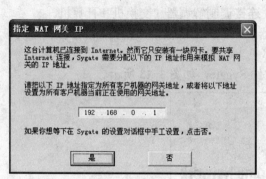

图 3-16　指定 NAT 网关的 IP 地址

图 3-17　Sygate 的服务器端

⑤ 单击"高级"按钮展开 Sygate 状态界面，在该界面中，可以看到接收和发送数据的流量以及用户的数量。目前没有设置客户端，因此用户数量为 0，如图 3-18 所示。

图 3-18　Sygate 状态界面

⑥ 下面需要单击工具栏中的"配置"按钮，打开"配置"对话框，如图 3-19 所示。在该对话框中，左边"网关 IP"和右边的"IP 地址"默认为灰色不可更改，这些是该计算机自身的网关和 IP 地址，默认"使用单一网卡模式"复选框是被选中的，网关为 192.168.0.1，可以更改，但注意不要和网络中其他段的地址发生冲突。如 192.168.0.1 不冲突，建议不要更改。在下面的"选项"选项组中有 3 个是必选的，分别是"系统启动时开启 Internet 共享"、"启用地址服务器（DHCP）"和"启用 DNS 转发"复选框，如图 3-19 所示。

⑦ 单击"配置"对话框中的"高级"按钮，打开"高级设置"对话框，如图 3-20 所示。在该对话框中，有两种方案可供选择，一个是"自动决定 IP 范围"，选择这个方案较为简单，代理服务器会自动地为客户端分配 IP 地址，范围是 192.168.0.2~192.168.0.254，这个地址由之前指定的"内部网络网关 IP"决定；另一个是"使用以下指定的 IP 范围"，需手动填写，填写的范围也是上述范围。当然也可以选取 192.168.0.2 到 192.168.0.254 中的一段，如 192.168.0.66 到 192.168.0.88，掩码为 255.255.255.0，如图 3-21 所示。

下面的域名服务器是必须填写的一项，如果前面选择过"启用 DNS 转发"复选框，这里只需要增加一个"内部网络网关 IP"就可以了，其他项设置不用改变。单击"确定"按钮，服务器端就设置完毕了。注意，此时需要重新启动计算机才能保证 Sygate 软件正常工作。

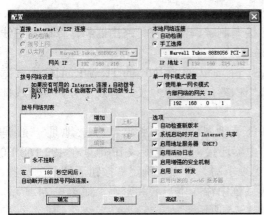

图 3-19　"配置"对话框

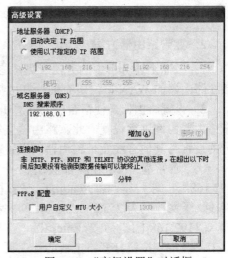

图 3-20　"高级设置"对话框

⑧ 客户端的设置比较简单，可以在其他计算机上选择安装"客户端模式"，如图 3-22 所示。

图 3-21　使用指定的 IP 范围

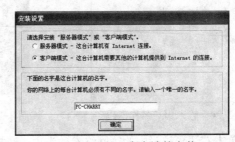

图 3-22　客户端的安装

经过测试，Sygate 4.5 版本不用安装客户端，客户机同样可以上网。无论是否安装客户端，所需要做的仅仅是设置一下 IP 地址。如果之前在"配置"对话框中选择了"启用地址服务器（DHCP）"复选框，则仅需要在客户机的"Internet 协议（TCP/IP）属性"对话框中选择"自动获得 IP 地址"单选按钮即可，如图 3-23 所示。

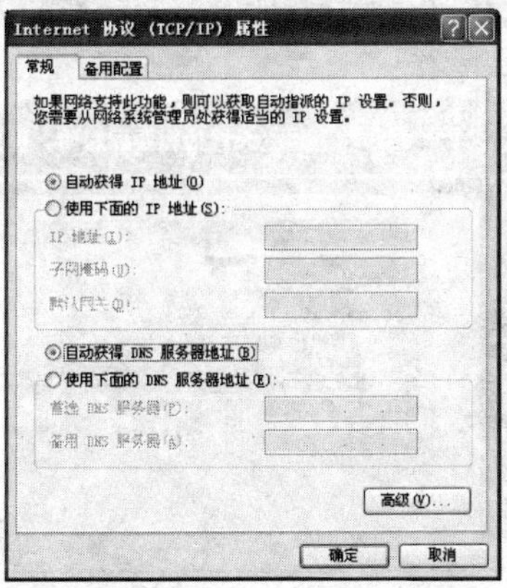

图 3-23　"Internet 协议（TCP/IP）属性"对话框

⑨ 打开客户机的浏览器，测试是否能够上网。

2．宽带路由器方案

1）按照上述分析中的方法（见图 3-12）连接调制解调器、宽带路由器和计算机。进线接在路由器的 WAN 口，所有的计算机都接在 LAN 口。

2）设置路由器，使宿舍中的计算机都能上网。下面以 TP-LINK 的 TL-WR541G 无线宽带路由器为例进行设置。此款路由器虽然是无线路由器，但这里只使用有线部分，其有线部分的设置与其他有线宽带路由器的设置基本相同。

① 通常宽带路由器都会有一个默认的登录地址和账户密码，登录地址一般是 192.168.1.1，账户密码都是 admin。计算机要与路由器连接，必须先更改 IP 地址在 192.168.1.0 网段，子网掩码为 255.255.255.0，网关和 DNS 无须填写。单击"确定"按钮后打开浏览器，输入"192.168.1.1"后按<Enter>键，在打开的对话框中输入用户名和密码，如图 3-24 所示。单击"确定"按钮打开路由器的管理页面，如图 3-25 所示。

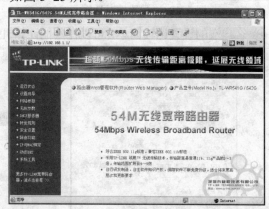

图 3-24　输入用户名和密码　　　　图 3-25　TL-WR541G 无线宽带路由器的管理页面

② 单击左边导航栏中的"网络参数"项，选择"LAN 口设置"子项，弹出"LAN 口设置"对话框，保持默认设置不变，单击"保存"按钮，如图 3-26 所示。

③ 单击"WAN 口设置"子项，弹出"WAN 口设置"对话框，在"WAN 口连接类型"下拉列表框中选择正确的上网方式。根据各个学校自身的情况，在使用调制解调器的情况下，一般是选择"PPPoE"，这里以此为例进行讲述，如图 3-27 所示。

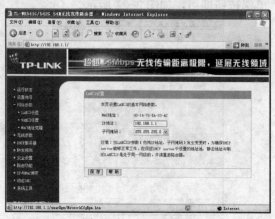

图 3-26　LAN 口设置

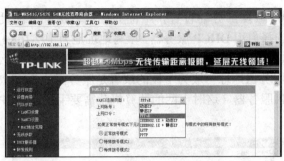

图 3-27　选择 WAN 口连接类型

④ 选择 WAN 口连接类型为 PPPoE 后需要输入上网账户和上网口令。输入服务商提供的密码，尝试不同的拨号模式，待网络连接后，单击"保存"按钮，如图 3-28 所示。

⑤ 如服务商或者学校对上网计算机的 MAC 地址做了绑定，则需要将该计算机的 MAC 地址克隆给路由器。单击"克隆 MAC 地址"按钮，如图 3-29 所示。

图 3-28　输入账户和密码及选择拨号模式

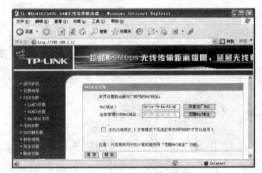

图 3-29　克隆 MAC 地址

⑥ 保存设置后，单击导航栏中的"运行状态"项，确认是否获得上网的地址，如图 3-30 所示。

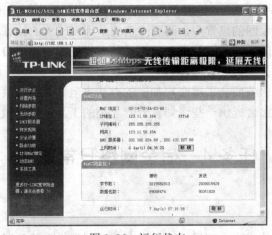

图 3-30　运行状态

⑦ 以上是路由器广域网部分的设置，下面介绍局域网部分的设置。单击导航栏中的"DHCP 服务器"项，选择启用 DHCP 服务器，填写地址池为 192.168.1.100 到 192.168.1.199。也可以选择 192.168.1.0 网络的其他地址段，但不能包含网关 192.168.1.1，其余的可选部分可自行填写。注意 DNS 服务器地址一般为学校的或者是服务商的 DNS 地址，如图 3-31 所示。当然也可不启用 DHCP 服务器，这时上网的计算机就需要手动输入 IP 地址和相应的网关，还有 DNS 地址。

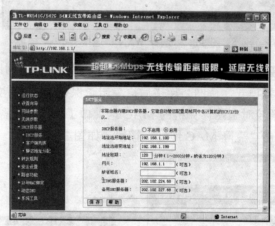

图 3-31　DHCP 服务器设置

⑧ 保存设置后退出，其他项目并非必须设置。在宿舍的所有计算机上选择"自动获得 IP 地址"和"自动获得 DNS 服务器地址"单选按钮，如图 3-24 所示，计算机即可上网。

➤ 相关知识与技能

使用 Sygate 软件实现局域网用户共享上网可以采取单网卡和双网卡两种方案。单网卡方案适用于客户端比较少（小于 10 台）的局域网共享上网，双网卡适用于比较大的局域网共享上网，其设置方式与单网卡类似。如果使用单网卡为大局域网提供共享上网服务，一片网卡同时处理 ADSL 信号、局域网信号以及共享上网信号，会影响到计算机的上网速度。不过一般宿舍中的计算机数量不会太多，单网卡就可以满足要求。需要注意的是，Sygate 服务器端安装完成后，客户端无法连接网络时，一定要重启一下计算机，仅仅停止或开启软件是没有用的。

在使用宽带路由器上网的设置中，需要注意的是用于设置的计算机一定要和路由器位于同一网段。宽带路由器的品牌和型号很多，选择的时候还要兼顾端口的数量，即 LAN 口的数量要大于等于宿舍中计算机的数量。

有些地区的学校和服务商会采用账户加密的办法来阻止网络的共享，此时需要进行账户的重新计算。一般网络上会提供一些诸如算号器之类的工具，可以做一些尝试。

任务 4　宿舍网络日常应用

➤ 任务描述

宿舍局域网有很大的优势，在局域网的情况下，用得最多的是即时通信、共享文件和联机娱乐。

↘　任务分析

局域网环境下的网络应用，指不通过外界网络，或者说在断开外网的情况下也可以进行的网络通信活动。此时不管宿舍局域网采取的是哪一种共享上网的方案，局域网内的应用都不受影响，而且在内网中许多应用有独特的优势。

↘　方法与步骤

1．即时通信

有同学可能认为，一个宿舍内的喊两声不就通信了吗，其实不然，有时候可以喊，但有时候不想说话或者是需要说悄悄话，该怎么办呢？这里介绍一个局域网软件——飞秋，其具有如下几个特点：

1）纯绿色无须注册和安装。宿舍中的每台计算机下载该软件后直接双击运行即可。图 3-32 为单机和好友登录时的界面，无须申请账户和密码，显示的均是计算机的用户名和计算机名称，名称下面是计算机在局域网中的 IP 地址。

图 3-32　单机及好友登录时的飞秋界面

2）通信的方法和腾讯 QQ 基本相同，如图 3-33 所示。也可以进行语音和传送图片，还可以进行文件的共享和联机的远程协助。

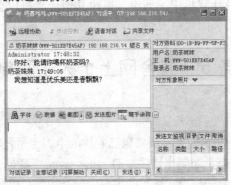

图 3-33　与 QQ 类似的界面

2．共享文件

共享文件方法很多，一般的操作系统都带有共享文件的功能，但 Windows 的比较特殊，从 Windows XP 的 SP2 版本开始，没有系统密码就无法共享，所以要先设置密码。对方在网络上找到共享的文件后，还要再输入共享者的用户名密码才可以使用共享功能，有的系统还要先运行系统中的"设置家庭和小型办公网络"的向导，颇为麻烦。

现在，可以直接使用飞秋软件的文件共享及传送功能，轻松地找到和下载对方共享的文件，再也不用输用户名密码了，也不用拿 U 盘复制了。单击对话窗口右下角的"文件"按钮，选择要传送的文件，单击"发送"按钮，等待对方同意接收后就传送过去了，如图 3-34 所示。

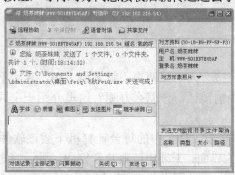

图 3-34　飞秋的文件传送

3．联机娱乐

在宿舍里娱乐的内容往往是局域网游戏，小的诸如棋牌类游戏，大的一般是魔兽 RPG、帝国时代、反恐精英等。在节假日或紧张的学习之余，局域网游戏是同学们主要的娱乐活动之一。

那么如何联机呢？其实只要计算机的 IP 地址在同一个网段，游戏中往往又有类似"LAN游戏"这样的选项，选择后直接就可以看到已经启动游戏的其他玩家。加入后就可以开始两个人或者多人进行游戏。需要注意的是，玩网络游戏需要有节制。

➥　相关知识与技能

信息技术的发展日新月异，学生宿舍从 36kbit/s 的拨号调制解调器到现在很多学校的光纤入户，局域网速度快的优势让宿舍日常的网络应用也日渐丰富起来。

局域网在共享文件、即时通信和联机娱乐便捷的同时，也存在安全上的隐患。相对来说，因为使用了代理的软件或硬件，来自外界网络的安全威胁较少，但内部网络共享文件时往往引起病毒的反复感染，一台计算机中了病毒，很快其他计算机也会中毒，曾经就有一个宿舍多位同学的 QQ 号码同时丢失的事情发生。

任务 5　宿舍网上个人主页制作

➥　任务描述

宿舍有了局域网之后，同学们都希望将自己制作的个人主页发布出去，让其他同学和外网的人都能看到。如果会用静态页面制作软件如 Dreamweaver 或者是 ASP、PHP 等动态网页制作工具，那么主页的制作就非常的简单。这里的主要任务是如何把已经制作好的页面发布出去。

➥ 任务分析

网页的发布在 Windows 下通常要使用 IIS（Internet 信息服务），而 IIS 只有在服务器版本下才有，宿舍中的计算机一般都需要另外安装 IIS。从网上下载 Windows XP 的 IIS 包（15MB 左右），安装后进行设置，即可让内网用户上网，但此时外网用户仍然不能访问，需要设置虚拟主机。

➥ 方法与步骤

1. IIS 包的安装

1）下载 IIS 包后解压。选择"开始"→"设置"→"控制面板"→"添加删除程序"→"添加/删除 Windows 组件"命令，在"Windows 组件向导"对话框中选择"Internet 信息服务（IIS）"复选框，如图 3-35 所示。

2）单击"下一步"按钮，会弹出如图 3-36 所示的"插入磁盘"提示框。

 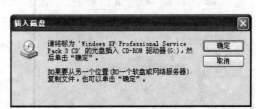

图 3-35　选择"Internet 信息服务（IIS）"复选框　　　图 3-36　"插入磁盘"提示框

3）单击"确定"按钮后出现"所需文件"对话框，单击"浏览"按钮，如图 3-37 所示，找到下载解压好的 IIS 文件夹，选中对应的文件，单击"确定"按钮即可。这样的情况出现三四次之后，IIS 就可安装完成。

4）查看是否安装好 IIS 的方法是，右击"我的电脑"图标，选择"管理"命令，出现"计算机管理"窗口单击"服务和应用程序"前面的加号，如果看到出现"Internet 信息服务"项，则说明已安装完成，如图 3-38 所示。

 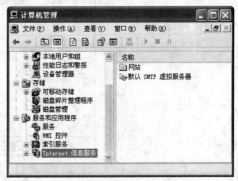

图 3-37　浏览所需文件　　　　　　图 3-38　IIS 安装完成

2．个人主页的内网发布

1）IIS 安装完成后就可以进行主页的发布。首先准备一个简单的主页。新建一个文本文档，输入以下代码，然后保存为 index.htm。直接双击该文件，打开效果如图 3-39 所示。

```
<htm>
<title>test</title>
<body bgcolor= yellow>
<center>hello world.<br>这是我的第一个主页！</center>
</body>
</htm>
```

2）以上页面只能在本机中查看。接下来把 index.htm 文件放到 C:\inetpub\wwwroot\文件夹下。右击"我的电脑"图标，选择"管理"命令，在打开的"计算机管理"窗口中选择"服务和应用程序"，单击"Internet 信息服务"前面的加号，再单击"网站"前面的加号，右击"默认网站"，选择"属性"命令，如图 3-40 所示。

图 3-39　测试页面效果

图 3-40　网站属性设置

3）出现"默认网站 属性"对话框，属性设置如图 3-41 所示。IP 地址为本机地址，其他属性保持默认设置。

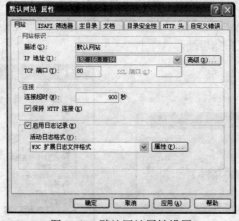

图 3-41　默认网站属性设置

4）在"默认网站属性"对话框的 7 个选项卡中只有"主目录"和"文档"选项卡需要设置。在"主目录"选项卡中，"本地路径"为"C:\inetpub\wwwroot\"，即放网页文件的地方，如图 3-42 所示。在"文档"选项卡中，最好把 index.htm 置顶，如图 3-43 所示。

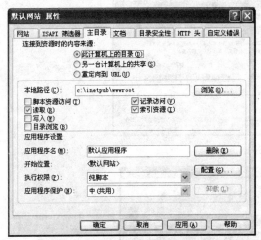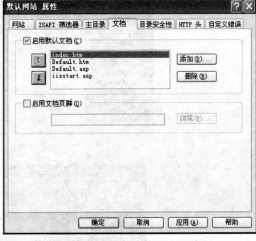

図 3-42　"主目录"选项卡的设置　　　　図 3-43　"文档"选项卡的设置

5）单击"确定"按钮后设置完毕，打开宿舍中任何一台计算机的浏览器，输入在图 3-42 中填写的 IP 地址 192.168.1.166，效果如图 3-44 所示。

图 3-44　主页在内网发布成功

3. 个人主页的外网发布

1）如果说在内网发布网页的过程是一个 Web 服务器的架设，那么在外网的发布则是一个虚拟服务器的设置。这里借助前面所介绍的宽带路由器来实现比较容易。在已经完成局域网内发布的情况下，进入路由器的管理界面，单击左边导航栏中的"转发规则"→"虚拟服务器"子项，出现"虚拟服务器"对话框，如图 3-45 所示。

2）单击"添加新条目"按钮，设置"服务端口号"为"80"，"IP 地址"为"192.168.1.166"（IIS 和网页所在计算机的 IP 地址），"协议"为"TCP"，"状态"为"生效"，"常用服务端口"为"HTTP"，如图 3-46 所示。这里需要注意的是，在网内发布的时候服务端口号设置的是 80，那么这里也是 80，二者一定要一致，当然也可以设置为其他端口号。

3）保存设置后单击"运行状态"项，查看该路由器所获得的外网 IP 地址为 123.11.59.45，如图 3-47 所示。

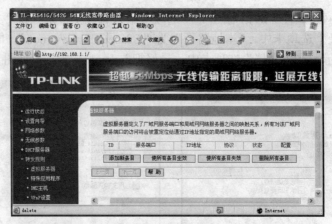

图 3-45 虚拟服务器

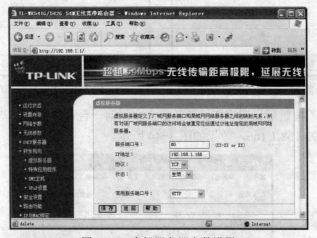

图 3-46 虚拟服务器参数设置

图 3-47 路由器的外网 IP 地址

4）保持宿舍计算机的开机状态，到图书馆电子阅览室或者是外面的网吧进行外网测试，在浏览器中输入"123.11.59.45"，查看打开的网页，如图 3-48 所示。

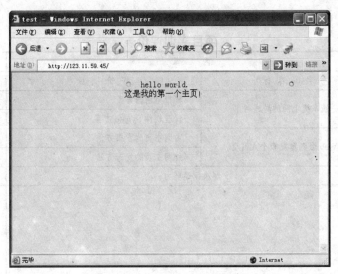

图 3-48　主页在外网发布成功

➡ 相关知识与技能

　　内网发布网页的过程是 WWW 或者 Web 服务器架设的过程，网页所在的目录是可以自定义的，只需要把网页放在定义的目录内即可。端口也是可以改变的，但在浏览器中输入 IP 地址时，IP 地址后要加上冒号和改过的端口号。上面发布的是一个静态页面，如果是动态页面的话，要启用相应的支持机制，如安装.NET Framework 等组件，还要完成相应的设置。

　　内网的网页发布仅仅是与你的计算机在同一个网段的计算机能够打开，如果要在外网打开，必须要把端口映射出去。宽带路由器提供了两种机制，一个是虚拟服务器，一个是 DMZ 主机。虚拟服务器上述的设置方法只对外开放了 80 一个端口，而 DMZ 主机将会把内网该计算机的所有端口都暴露在外网，十分不安全，也不合理，因此不提倡 DMZ 主机的发布方法。该方法也很简单，有兴趣的读者可自行研究。

　　主页在外网的发布，需要通过一个固定的外网 IP 来访问。如果发现自己的路由器地址经常被更新，那么在外网你的主页将无法被正常地访问，这时候需要用到 DDNS，即所谓的动态 DNS，可下载一个名为"花生壳"的软件试试。

项目实训：宿舍多机组网

　　项目环境：3 台计算机；一个宽带路由器；代理软件 Sygate；双绞线若干；IIS 包。
　　项目要求：分别通过宽带路由器和代理软件 Sygate 组建能够一线多机上网的局域网。利用宽带路由器和 IIS 包架设自己的 Web 服务器在内网和外网发布主页。

项目评价：

项目实训评价表

职业能力	内 容		评 价		
	学 习 目 标	评 价 项 目	优	合格	不合格
	组建一线多机上网的局域网	宽带路由器方案			
		代理软件 Sygate 方案			
	架设 Web 服务器发布个人网页	内网主页的发布方法			
		外网主页的发布方法			
	解决问题能力				
主要步骤：			优		
			合格		
综合评价			不合格		
	指导教师： 年 月 日				

第 4 章　办公室组网

随着 Internet 的迅速发展，电子办公成为了社会的主流，绝大部分的企事业单位由于办公、科研、业务等方面的需要，都使用计算机作为主要的办公设备，并且基本有计算机的单位都意识到组建企业内部办公的局域网的重要性和急迫性。一个符合办公的局域网应该能够满足正常办公的需求，包括办公文件的网络共享、办公打印机的共享、办公网络会议、建立企业内部电子邮局、网络电子商务等需求。本单元主要介绍办公室网络的功能描述与硬件假设、Windows Server 服务器完全安装与使用、网络打印服务的配置、IIS 服务器的配置、电子邮件服务器的配置、NetMeeting 在局域网中的应用。通过学习，能够具备规划并建设办公室局域网的能力。

能力目标

- 了解办公室局域网的功能与硬件假设。
- 熟练掌握 Windows Server 服务器的完全安装方法。
- 熟练掌握网络打印服务的配置方法。
- 熟练掌握 Windows 局域网上的 IIS 服务器的配置方法。
- 熟练掌握电子邮件服务 Winmail 的配置方法。
- 熟练掌握 NetMeeting 在局域网中的应用。

任务 1　功能描述与硬件假设

↘　任务描述

对于一般的企事业单位来说，办公局域网广泛用于单位内各种办公室之间，这类网络占地空间不大、规模一般，也无须大量建网经费。此类网络的主要作用是进行网络通信、信息共享，主要提供文件共享、打印共享、网络会议及 Internet 访问等功能。

↘　硬件假设

1. 办公局域网中的计算机的配置要求

作为办公局域网中的计算机，一般采用性价比较高的主流配置，但是主机因需要若干台外设（打印机、扫描仪之类）以便共享，所以该机器应采用综合性能较高的计算机。另外，由于办公用的计算机通常要存储一些重要的商务数据信息等，因此，推荐购买有实力、信誉好的品牌产品，以免日后在使用过程中由于计算机的质量问题给企业带来额外的损失。

2. 网络连接介质的选择

双绞线以太网 100Base-T 是目前局域网使用的主要传输介质，用户计算机与路由器或交换机之间可以采用非屏蔽双绞线进行连接，只是需要注意每段双绞线的长度不得超过100m 的距离。

3．ADSL 调制解调器

现在的网络环境通常采用 ADSL 作为 Internet 接入技术，所以一般使用 ADSL 调制解调器作为主要的网络接入设备。同时，现在的 ADSL 调制解调器一般为免费租用（办理宽带接入的同时，由 ISP 免费提供租用设备）。目前市场上的 ADSL 调制解调器主要有两种类型，一种不带路由功能，一种带路由功能。

4．宽带路由器

宽带路由器是近几年来相当流行的一种网络产品，随着宽带网络的普及应运而生。宽带路由器集成了路由、防火墙、带宽控制和管理等功能，具备快速的转发能力、灵活的网络管理和丰富的网络状态等特点。多数宽带路由器采用高度集成设计，集成 1 个或 1 个以上 10/100Mbit/s 以太网广域网接口、并内置多口 10/100Mbit/s 自适应交换机（3 个端口以上，主流为 4 个口），方便多台计算机连接内部局域网与 Internet 广域网。

5．无线路由器

无线路由器集成了无线 AP 和宽带路由器的功能，它不仅具备单纯性无线 AP 所有的功能，如支持 DHCP 客户端、VPN、防火墙、WEP 加密等，而且还包括了网络地址转换（NAT）功能，可支持局域网用户的网络连接共享，可实现家庭无线网络中的 Internet 连接共享，实现 ADSL 和小区宽带的无线共享接入。

按照采用的无线标准，无线路由器可分为以下 4 类：

- IEEE 802.11a：使用 5GHz 频段，传输速率为 54Mbit/s。
- IEEE 802.11b：使用 2.4GHz 频段，传输速率为 11Mbit/s。
- IEEE 802.11g：使用 2.4GHz 频段，传输速率为 54Mbit/s。
- IEEE 802.11n：可向下兼容，传输速率为 300Mbit/s。

6．交换机

交换机是一种用于电信号存储转发的网络设备，可以为接入交换机的任意两个网络节点提供临时独享的电信号通路。最常见的交换机是 100Base-T 以太网交换机。根据网络的大小选择不同端口的设备，一般端口为 5 口、8 口、16 口、24 口、36 口和 48 口等。

7．无线网卡

无线网卡是无线网络的终端设备，是在无线局域网的无线信号覆盖下通过无线连接进行上网的终端设备。具体来说，无线网卡就是使用户的计算机可以利用无线信号来上网的一个装置，但是有了无线网卡也还需要一个可以连接的无线网络。如果在家里或者所在地有无线路由器或者无线 AP 的覆盖，就可以通过无线网卡以无线的方式连接无线网络上网。

一般无线网卡有很多种，按照接口可分为以下 4 类：

- 台式机专用的 PCI 接口无线网卡。
- 便携式计算机专用的 PCMCIA 接口无线网卡。
- USB 接口无线网卡。
- 便携式计算机内置的 Mini-PCI 无线网卡。

按照采用的无线标准可分为以下 4 类:

- IEEE 802.11a:使用 5GHz 频段,传输速率为 54Mbit/s。
- IEEE 802.11b:使用 2.4GHz 频段,传输速率为 11Mbit/s。
- IEEE 802.11g:使用 2.4GHz 频段,传输速率为 54Mbit/s。
- IEEE 802.11n:可向下兼容,传输速率为 300Mbit/s。

任务 2　Windows Server 服务器完全安装

➥ 任务描述

在局域网中,通常由一台或是多台配置较高的服务器为网络中的计算机提供相应的服务,保证局域网络能够获得超过本身配置的网络服务,并实现相应的网络管理。

➥ 任务分析

在 Windows Server 网络环境中,管理员把自己的服务器用做域控制器,必须安装 Active Directory(活动目录)。如果网络中没有其他的域控制器,可以把服务器配置为新的域控制器;如果网络中已有其他的域控制器,可以将服务器设置为额外域控制器,并建立新子域、新域目录或目录林。同时为了实现局域网内部的域名解析,通常需要配置 DNS 服务器。

➥ 方法与步骤

1. Active Directory 的安装

安装 Active Directory 的操作步骤如下:

1) 首先打开"管理您的服务器"窗口,单击"添加或删除角色"选项,选择"域控制器(Active Directory)"项,如图 4-1 所示。

2) 单击"下一步"按钮,打开"Active Directory 安装向导"对话框,利用它可以方便地完成 Active Directory 的安装。首先进入"选择域控制器"界面,需要指定此服务器担任的角色,究竟是新域还是额外域控制器。用户可以根据自己的实际情况或利用窗口中的提示进行选择。这里一般选择"新的域控制器"项,然后单击"下一步"按钮。

3) 进入"创建一个新域"界面,如图 4-2 所示,有"在新林中的域"、"在现有域树中的子域"和"在现有的林中的域树"3 种域类型。用户可根据实际需要进行选择,这里选择"在新林中的域"。

4) 单击"下一步"按钮,进入"新的域名"界面,输入新建域的 DNS 全名,如图 4-3 所示。

5) 单击"下一步"按钮,进入"NetBIOS 域名"界面,输入新的 NetBIOS 名称或者接受系统默认的名称,如图 4-4 所示。

6) 单击"下一步"按钮,进入"数据库和日志文件文件夹"界面,如图 4-5 所示。在"数据库文件夹"文本框中输入数据库保存的位置;在"日志文件夹"文本框中输入日志文件保存位置,也可以单击"浏览"按钮进行选择路径。

7）单击"下一步"按钮，进入"共享的系统卷"界面，如图 4-6 所示。在 Windows Server 2003 操作系统中，SYSVOL 文件夹存放域的公用文件的服务器副本，而且该文件夹的内容被复制到域中的所有域控制器。在"文件夹位置"文本框中输入文件夹存放的位置，也可以单击"浏览"按钮进行选择路径。

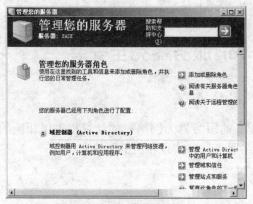

图 4-1 "管理您的服务器"窗口

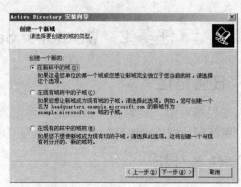

图 4-2 "创建一个新域"界面

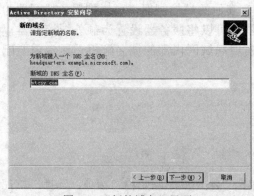

图 4-3 "新的域名"界面

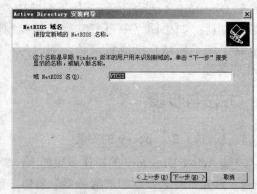

图 4-4 "NetBIOS 域名"界面

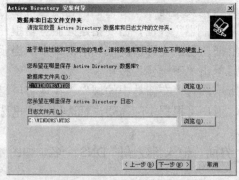

图 4-5 "数据库和日志文件文件夹"界面

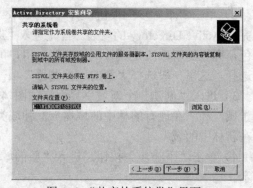

图 4-6 "共享的系统卷"界面

8）单击"下一步"按钮，进入"DNS 注册诊断"界面，提示用户 DNS 服务器出了何种错误，让用户改正后再继续安装。

9）单击"下一步"按钮，进入"权限"界面，如图 4-7 所示。用户根据服务器所运行的操作系统环境来选择不同的用户和组对象的默认权限。

10）单击"下一步"按钮，进入"目录服务还原模式的管理员密码"界面，如图 4-8 所示，当计算机在目录服务恢复模式下启动时会提示用户输入该密码。

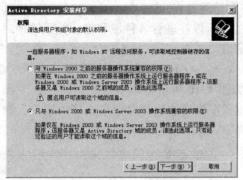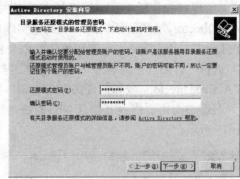

图 4-7 "权限"界面　　　　　图 4-8 "目录服务还原模式的管理员密码"界面

11）单击"下一步"按钮，进入"摘要"界面，如图 4-9 所示。用户可以检查并确认选定的选项，如果需要更改选项，可以单击"上一步"按钮更改配置。如不需修改则直接单击"下一步"按钮。

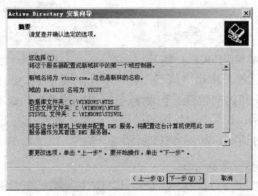

图 4-9 "摘要"界面

12）系统弹出对话框，表示向导正在配置 Active Directory，请用户等待几分钟。

13）等待一段时间，系统安装了活动目录后，会提示关闭 Active Directory 安装向导。关闭此窗口后，系统会提示用户如果想使用 Active Directory 安装向导所做的有效的话，必须重新启动计算机。单击"立即重新启动"按钮，重新启动计算机。

14）当计算机重新启动后，安装 Active Directory 的配置才会生效，这个时候此服务器已经是域控制器。

2. Active Directory 的常用设置

在系统中安装好 Active Directory 后，可以看到在 Windows Server 2003 的管理工具中多了以下 3 项内容：

- Active Directory 域和信任关系。
- Active Directory 用户和计算机。
- Active Directory 站点和服务。

在这 3 个管理工具中，用户对 Active Directory 进行配置时，使用频率最高的是"Active

Directory 用户和计算机"。"Active Directory 域和信任关系"和"Active Directory 站点和服务"两个工具主要用于多服务器和多域之间的设置。

（1）管理域和信任关系　管理域和信任关系是通过Windows Server 2003管理工具中的"Active Directory域和信任关系"工具来实现的，所以在进行各种域和信任关系管理时，首先需要打开"Active Directory域和信任关系"窗口。

1）选择"开始"→"程序"→"管理工具"→"Active Directory 域和信任关系"命令，打开"Active Directory 域和信任关系"窗口，如图 4-10 所示。

2）右键单击需要修改其信任关系的域，然后在弹出的快捷菜单中选择"属性"命令，如图 4-11 所示。

图 4-10　"Active Directory 域和信任关系"窗口

图 4-11　设置域属性

3）打开"属性"对话框，单击"信任"选项卡，如图 4-12 所示。可以删除和新建信任，又分为两种——外向信任和内向信任，但两者在操作上并没有什么不同。当删除某个信任时只需要选定该信任，然后单击"确定"按钮即可。当要新建信任时，单击"新建信任"按钮，打开"新建信任向导"对话框，如图 4-13 所示。

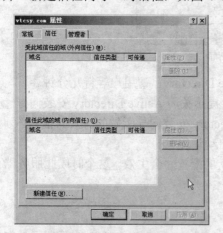

图 4-12　"信任"选项卡

图 4-13　"新建信任向导"对话框

4）首先进入"信任名称"界面，要求用户输入新建的信任名称，可以是 NetBIOS 或 DNS 名。

5）单击"下一步"按钮，进入"信任类型"界面，如图 4-14 所示，要求用户根据实际情况选择新建信任关系。

6）单击"下一步"按钮，进入"信任的传递性"界面，如图 4-15 所示，要求用户根据实际情况选择新建信任的传递性。

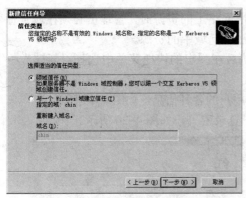

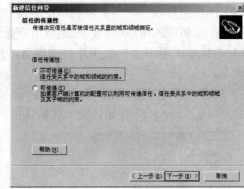

图 4-14 "信任类型"界面　　　　　　　　图 4-15 "信任的传递性"界面

7）单击"下一步"按钮，进入"信任方向"界面，如图 4-16 所示，要求用户根据实际情况选择新建信任的方向，可以是单向或双向。

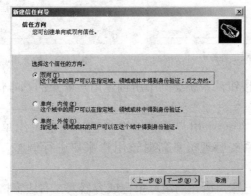

图 4-16 "信任方向"界面

8）单击"下一步"按钮，进入"信任密码"界面，要求用户根据输入信任密码和确认信任密码，单击"下一步"按钮就基本完成了新建信任的操作。

（2）配置和管理域用户　这里简要介绍如何配置和管理域用户，具体操作步骤如下：

1）右键单击要配置的用户账户，在弹出的快捷菜单中选择"属性"命令，如图 4-17 所示。

2）打开"Administrator 属性"对话框，设置用户的基本信息，如图 4-18 所示。

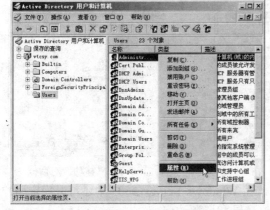

图 4-17 配置用户　　　　　　　　　图 4-18 "Administrator 属性"对话框

（3）添加用户账户 当有新的用户需要使用网络上的资源时，管理员必须在域管理器中为其添加一个相应的用户账户，否则该用户无法访问域中的资源。

1）右键单击要添加的组织单位或容器，然后在弹出的快捷菜单中选择"新建"→"用户"命令。

2）打开"新建对象—用户"对话框，输入用户的各种信息，如图 4-19 所示。

3）单击"下一步"按钮，输入并确认用户登录密码，如图 4-20 所示。

图 4-19 "新建对象—用户"对话框　　　　图 4-20 输入并确认登录密码

4）单击"下一步"按钮，系统会列举所创建用户账户的基本信息，单击"完成"按钮即可完成用户账户的创建。

（4）移动用户账户 当一个用户希望改变自己所在的组织单位并且加入到一个新的组织单位时，便会要求系统管理员重新对该用户账户进行调整，即根据需要将用户账户移到新的组织单位中去。

1）单击要移动的用户账户所在的组织单位或容器，在右边窗格中列出了所有用户账户，右键单击要移动的用户账户，在弹出的快捷菜单中选择"移动"命令，如图 4-21 所示。

2）此时系统会弹出"移动"对话框，如图 4-22 所示。选择用户要移动到的组织单位，然后单击"确定"按钮便完成了用户的移动。

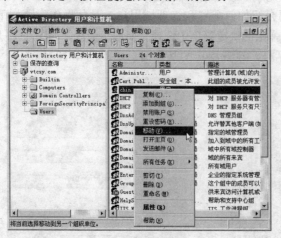

图 4-21 移动用户账户　　　　　　　图 4-22 "移动"对话框

（5）设置登录时间 为了提高安全性，在 Windows Server 2003 中还可以规定用户的登录时间，用户只能在规定的时间内进行网络登录和资源访问。

1）单击并展开要设置的用户账户所在的组织单位，右键单击要设置的用户账户，然后在弹出的快捷菜单中选择"属性"命令。

2）选择"账户"选项卡，单击"登录时间"按钮，此时系统就会弹出"登录时间"对话框，可以在上面设置用户登录的时间，如图4-23所示。

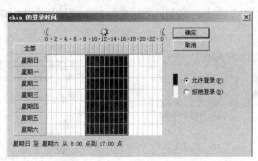

图4-23 自定义用户登录时间

（6）重新设置用户密码 当用户的密码被别人窃取或者用户感到有必要修改密码时，可以向系统管理员申请修改密码。这时，系统管理员可以通过Windows Server 2003系统提供的用户密码进行重新设置。

1）单击并展开要修改的用户账户所在的组织单位或容器，右键单击要修改的用户账户，在弹出的快捷菜单中选择"重设密码"命令。

2）在弹出的对话框中输入并确认新密码即可。

（7）组织单位的管理 组织单位是一种对域内的对象进行逻辑管理的单位，即可将用户、组、计算机和其他组织单位放入其中的Active Directory容器。它不能容纳来自其他域的对象。

组织单位的创建步骤如下：

1）在如图4-24所示的"Active Directory用户和计算机"窗口的管理目标导航树中选择任一组织单位（域名）项，单击鼠标右键，在弹出的快捷菜单中选择"新建"→"组织单位"命令。

2）打开"新建对象－组织单位"对话框，在"名称"文本框中输入名称后单击"确定"按钮，如图4-25所示。

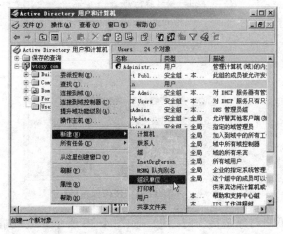

图4-24 新建组织单位

图4-25 "新建对象－组织单位"对话框

3）成功建立的组织单位如图 4-26 所示。可以将其他组织单位下管理的计算机、账户等直接移动到该组织单位下。在该组织单位下还可以建立其他管理对象。

4）鼠标右键单击该组织单位，选择"属性"命令，打开"属性"对话框。

5）选择"常规"选项卡，如图 4-27 所示，可以设置组织单位的描述信息。

6）切换到"管理者"选项卡，单击"更改"按钮可以将组织单位有管理权限的账户或者组添加进来。

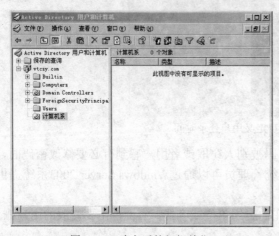

图 4-26　建立后的组织单位

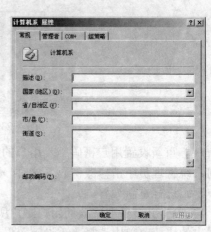

图 4-27　"常规"选项卡

（8）组策略的创建和配置

1）在"Active Directory 用户和计算机"窗口中右键单击要操作的组织单位，在弹出的快捷键菜单中选择"属性"命令，打开"属性"对话框。

2）选择"组策略"选项卡，如图 4-28 所示。单击"新建"按钮，列表中自动出现一个名为"新建组策略对象"的对象，在这里将其名更改为"系部策略"，如图 4-29 所示。若勾选"阻止策略继承"复选框将不启动组策略继承的功能。单击"编辑"按钮可以设置该组策略对象的内容。

图 4-28　"组策略"选项卡

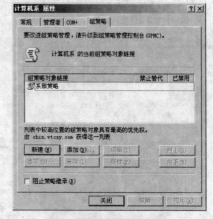

图 4-29　新建组策略

3）单击"添加"按钮，打开"添加策略对象链接"对话框，如图 4-30 所示。组策略对象的设置可以应用在站点、域、组织单位和计算机上。

建立组策略链接后，就不必为计算机、组织单位或者站点逐个建立组策略对象，只需要将它们链接起来就可以。

4）在"组策略"选项卡中单击"选项"按钮，打开"选项"对话框，如图4-31所示。

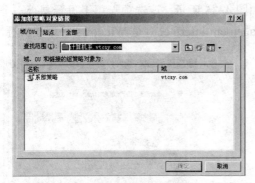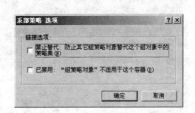

图 4-30 "添加组策略对象链接"对话框　　　　图 4-31 "选项"对话框

禁止替代：选择该项，表示当组策略对象和本组织单位内的其他组策略对象发生冲突时，其他组策略对象不起作用。一般对一些重要的组策略要选择该项。

已禁用：表示组策略对象对该组织单位不起作用。

5）在"组策略"选项卡中单击"属性"按钮，打开"系部策略 属性"对话框。"常规"选项卡中提供了组策略对象的基本信息，包括创建时间、修改时间等，如图4-32所示。

组策略对象的设置对组织单元的用户和计算机起作用，如果要进行单独设置，可以在该选项卡中选择是否只对用户起作用或是只对计算机起作用。设置"禁用"选项可以提高域控制器在活动目录中查找组策略的性能。域控制器在应用组策略时是逐项对设置进行查询，如果禁止使用某些选项，域控制器就可以省略一些查找作用。

6）选择"链接"选项卡，该选项卡用于查找该组策略对象存在的位置。单击"开始查找"按钮可以进行查找，如图4-33所示。

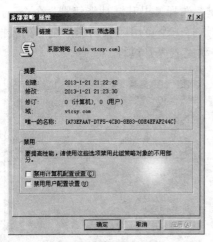

图 4-32 "常规"选项卡　　　　　　　　图 4-33 "链接"选项卡

7）切换到"安全"选项卡，如图4-34所示。该选项卡用于设置用户账号或者组策略对象的权限。这里的安全性的对象是组策略对象，要注意与其他资源的安全权限相区别。

注意：在活动目录中，只有系统账户、域管理员账户、企业管理员账户、组策略创建拥有的成员账户才能能创建组策略。要编辑该组策略，用户账户必须拥有访问组策略的读写权限。要能够过滤组策略作用域，必须具备组策略的读取权限。

8）切换到"WMI 筛选器"选项卡，如图 4-35 所示，该选项卡用于设置是否一个查询组策略对象的筛选器。WMI（Windows Management Interface）是 Windows 管理接口标准。

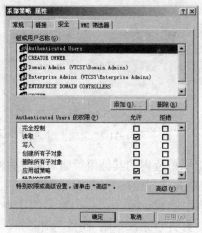
图 4-34 "安全"选项卡

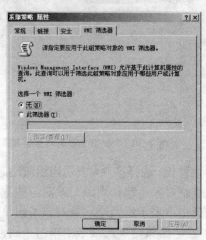
图 4-35 "WMI 筛选器"选项卡

（9）更改域的功能级别

1）选择"开始"→"控制面板"→"管理工具"→"Active Directory 域和信任关系"命令，打开"Active Directory 域和信任关系"窗口，如图 4-36 所示。在管理目标导航树中选择"Active Directory 域和信任关系"→"vtcsy.com"项，单击鼠标右键，在弹出的快捷菜单中选择"属性"命令，打开"vtcsy.com 属性"对话框。

2）选择"常规"选项卡，可以查看域及域林的功能级别，如图 4-37 所示。

3）如果要更改域的功能级别，可以单击右键，选择"提升域功能级别"命令，打开"提升域功能级别"对话框，如图 4-38 所示。在"选择一个可用的域功能级别"列表框中可以选择提升后的功能级别，单击"提升"按钮将自动完成提升过程。

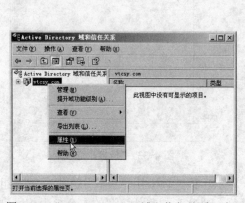
图 4-36 "Active Directory 域和信任关系"窗口

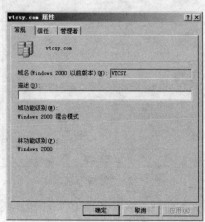
图 4-37 "常规"选项卡

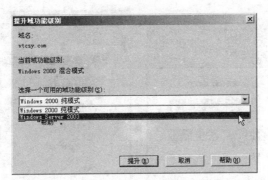

图 4-38　"提升域功能级别"对话框

3．配置 DNS 服务器

（1）安装服务器

1）选择"开始"→"控制面板"→"添加或删除程序"命令，打开"添加或删除程序"对话框。

2）单击"添加/删除 Windows 组件"按钮，打开"Windows 组件向导"对话框，单击"下一步"按钮，从列表中勾选"网络服务"项，如图 4-39 所示。

3）单击"详细信息"按钮，从列表中勾选"域名系统（DNS）"项，单击"确定"按钮，如图 4-40 所示。

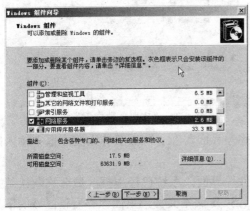

图 4-39　Windows 组件向导

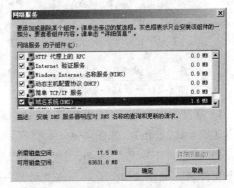

图 4-40　勾选"域名系统（DNS）"

4）单击"下一步"按钮，输入 Windows Server 2003 的安装源文件的路径，再单击"确定"开始安装 DNS 服务。

安装完毕后在"管理工具"中多了一个"DNS"控制台（安装结束后不用重新启动计算机）。

在 DNS 服务器启动后，可以看到 DNS 服务所在的计算机已经添加到 DNS 控制台中，如图 4-41 所示。

（2）创建主要区域　DNS 服务器安装完成以后会自动打开"配置 DNS 服务器向导"对话框。在该向导的指引下开始创建第一个区域，具体操作步骤如下：

1）打开"dnsmgmt"窗口，在左窗格中右键单击服务器名称，选择"配置 DNS 服务器"命令，如图 4-42 所示。

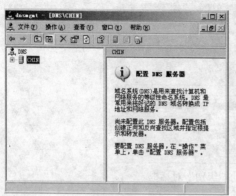

图 4-41 DNS 服务器

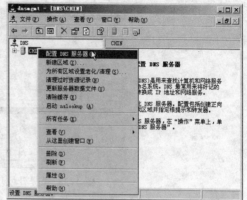

图 4-42 选择"配置 DNS 服务器"命令

2）打开"配置 DNS 服务器向导"对话框，单击"下一步"按钮，进入"选择配置操作"界面。单击"创建正向查找区域"单选按钮，如图 4-43 所示。

3）单击"下一步"按钮，进入"主服务器位置"界面，单击"这台服务器维护该区域"单选按钮，如图 4-44 所示。

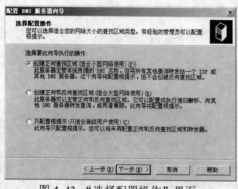

图 4-43 "选择配置操作"界面

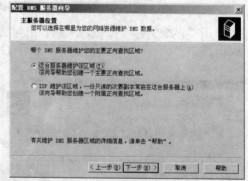

图 4-44 "主服务器位置"界面

4）单击"下一步"按钮，进入"区域名称"界面，在"区域名称"文本框中输入区域名称（如 vtcsy.com），如图 4-45 所示。

5）单击"下一步"按钮，进入"区域文件"界面，系统已经根据区域名称默认填入了一个文件名，如图 4-46 所示。该文件是一个 ASCII 文本文件，里面保存着该区域的信息，默认情况下保存在"%SystemRoot%\system32\dns"文件夹中。

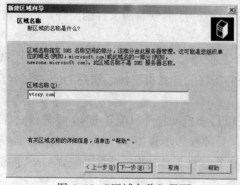

图 4-45 "区域名称"界面

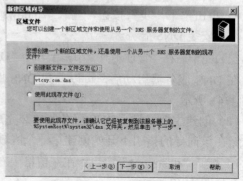

图 4-46 "区域文件"界面

6）保持默认值不变，单击"下一步"按钮，进入"动态更新"界面，指定该 DNS 区域能够接受的注册信息更新类型。"允许动态更新"可以让系统自动在 DNS 中注册有关信息，在实际应用中比较有用。此处单击"不允许动态更新"单选按钮，如图 4-47 所示。

7）单击"下一步"按钮，进入"转发器"界面，默认选择"否，不向前转发查询"项，如图 4-48 所示。

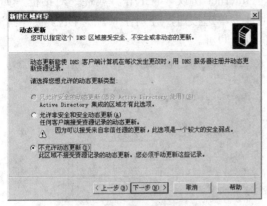

图 4-47 "动态更新"界面　　　　　　图 4-48 "转发器"界面

8）单击"下一步"按钮，最后的完成界面中列出了设置报告，确认无误后单击"完成"按钮，结束主要区域的创建和 DNS 服务器的安装配置过程。

（3）创建正向区域

1）选择"开始"→"管理工具"→"DNS"命令，打开"dnsmgmt"窗口。在左窗格中依次展开服务器和"正向查找区域"目录，然后右键单击准备添加主机的区域名称（如 vtcsy.com），在快捷菜单中选择"新建主机"命令，如图 4-49 所示。

2）打开"新建主机"对话框，在"名称"文本框中输入目标主机的名称，并在"IP 地址"文本框中输入该主机的 IP 地址。例如，名称为 www，IP 地址为 192.168.10.1，则该目标主机对应的域名就是 www.vtcsy.com。当用户在 Web 浏览器中输入"www.vtcsy.com"时，该域名将被解析为 192.168.10.1。设置完毕单击"添加主机"按钮，如图 4-50 所示。

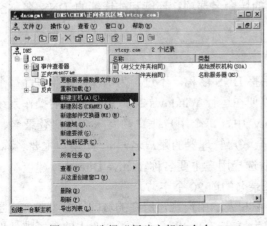
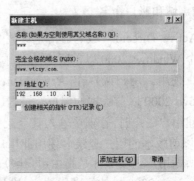

图4-49　选择"新建主机"命令　　　　图4-50　"新建主机"对话框

3）接着弹出提示框提示主机记录创建成功，单击"确定"按钮返回"新建主机"对话框，如图 4-51 所示。

（4）客户机的DNS设置　在成功安装DNS服务器后，就可以在DNS客户机启用DNS服务，下面具体说明如何在客户机上设置并启用DNS服务。

打开"网络和拨号连接"窗口，双击"本地连接"图标，选择"属性"选项卡，选择"Internet 协议（TCP/IP）"项，单击"属性"按钮，打开"Internet 协议（TCP/IP）属性"对话框，如图 4-52 所示。单击"使用下面的 DNS 服务器地址"单选按钮，分别在"首选 DNS 服务器"和"备用 DNS 服务器"文本框中填写相应的 IP 地址即可。

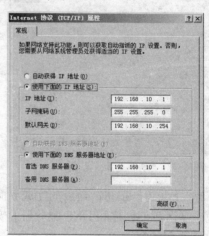

图4-51　成功创建主机记录　　图4-52　"Internet协议（TCP/IP）属性"对话框

➤ 相关知识与技能

1．域树和域林

活动目录中的每个域利用 DNS 域名加以标识，并且需要一个或多个域控制器。如果用户的网络需要一个以上的域，则需要创建多个域。共享相同的公用架构和全局目录的一个或多个域称为域林。如果多个域有连续的 DNS 域名，则该结构称为域树。

域树和域林的组合为用户提供了灵活的域命名选项。连续和非连续的 DNS 名称空间都可加入到用户的目录中。

2．域和账户命名

Active Directory 域名通常是该域的完整 DNS 名称。不过，为确保向下兼容，每个域更有一个 Windows 2000 以前版本的名称，以便在运行 Windows 2000 以前版本的操作系统的计算机上使用。用户账户在 Active Directory 中，每个用户账户都有一个用户登录名、一个 Windows 2000 以前版本的用户登录名（安全账户管理器的账户名）和一个用户主要名称后缀。在创建用户账户时，管理员输入其登录名并选择用户主要名称。Active Directory 建议 Windows 2000 以前版本的用户登录名使用此用户登录名的前 20 个字节。

所谓用户主要名称是指由用户账户名称和表示用户账户所在的域的域名组成，这是登录到 Windows 2000 域的标准用法，标准格式为：user@domain.com（类似个人的电子邮件地址），但不要在用户登录名或用户主要名称中加入@号。Active Directory 在创建用户主要名称时自动添加此符号。包含多个@号的用户主要名称是无效的。

在 Active Directory 中，默认的用户主要名称后缀是域树中根域的 DNS 名。如果用户的单位使用由部门和区域组成的多层域树，则对于底层用户的域名可能非常长。对于该域中的用户，默认的用户主要名称可能是 grandchild.child.root.com。该域中用户默认的登录名可能是 user@grandchild.child.root.com。创建主要名称后缀"root"使同一用户使用更简单的登录名 user@root.com 就能登录。

3. 站点

站点是一个或多个 IP 子网中的一组计算机。为了确保目录信息的有效交换，站点中的计算机需要非常好地连接，尤其是子网内的计算机。站点和域名称空间之间没有必要的连接。站点反映网络的物理结构，而域通常反映用户单位的逻辑结构。逻辑结构和物理结构相互独立，所以网络的物理结构及其域结构之间没有必要的相关性，Active Directory 允许单个站点中有多个域，单个域中有多个站点。

4. Active Directory 用户和计算机账户

Active Directory 用户和计算机账户代表物理实体，诸如计算机或人。用户账户和计算机账户（及组）称为安全主体。安全主体是自动分配安全标识符的目录对象。带安全标识符的对象可登录到网络并访问域资源。用户或计算机账户用于：

- 验证用户或计算机的身份。
- 授权或拒绝访问域资源。
- 管理其他安全主体。
- 审计使用用户或计算机账户执行的操作。

5. DNS 域名

DNS 利用完整的名称方式来记录和说明 DNS 域名，就像用户在命令行显示一个文件或目录的路径，如 C:\Winnt\System32\Drivers\Etc\Services.txt。同样在一个完整的 DNS 域名中包含着多级域名，如 host-a.example.microsoft.com.，其中 host-a 是最基本的信息（一台计算机的主机名称），example 表示主机名称为 host-a 的计算机在这个子域中注册和使用它的主机名称，Microsoft 是 example 的父域或相对的根域（即 second-level domain），com 是用于表示商业机构的 top-level domain，最后的句点表示域名空间的根（root）。

6. 区域

区域（zone）是一个用于存储单个 DNS 域名的数据库，它是域名称空间树状结构的一部分。DNS 服务器是以 zone 为单位来管理域名空间的，zone 中的数据保存在管理它的 DNS 服务器中。当在现有的域中添加子域时，该子域既可以包含在现有的 zone 中，也可以为它创建一个新 zone 或包含在其他的 zone 中。一个 DNS 服务器可以管理一个或多个 zone，同时一个 zone 可以由多个 DNS 服务器来管理。

用户可以将一个 domain 划分成多个 zone 分别进行管理，以减轻网络管理的负荷。例如，microsoft.com 是一个域，用户可以将它划分为两个 zone：microsoft.com 和 example.Microsoft.com，zone 的数据分别保存在单独的 DNS 服务器中。因为 zone example.Microsoft.com 是从 domain 延伸而来，所以用户可以将 domain microsoft.com 称为 zone example.Microsoft.com 的 zone root domain。

任务 3 网络打印服务

➡ 任务描述

网络上的多台计算机可以与其中任一台直接连接打印机的计算机共享。与打印机直接连接的计算机为打印机服务器，其他计算机为客户机。客户机需要一定的权限才能与打印机服务器共享打印机。

➡ 任务分析

设置网络中的一台直接连接打印机的计算机为打印机服务器，通过设置客户机访问打印机服务器并实现网络打印。

➡ 方法与步骤

1. 安装本地打印机

1）选择"开始"→"设置"→"打印机和传真"命令，打开"打印机和传真"窗口，双击"添加打印机"图标，打开"添加打印机向导"对话框，如图 4-53 所示。

2）单击"下一步"按钮，进入"本地或网络打印机"界面，如图 4-54 所示。单击"连接到此计算机的本地打印机"单选按钮，如果打印机是即插即用的，勾选"自动检测并安装即插即用打印机"复选框。

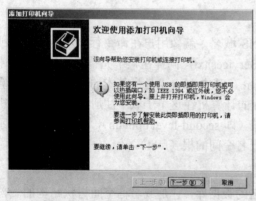
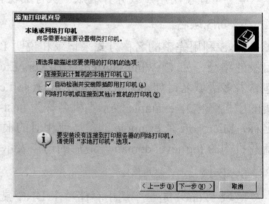

图 4-53 "添加打印机向导"对话框　　　　　图 4-54 "本地或网络打印机"界面

3）单击"下一步"按钮，进入"选择打印机端口"界面，如图 4-55 所示。现在办公室的打印机通常为 USB 端口。

4）单击"下一步"按钮，进入"安装打印机软件"界面，如图 4-56 所示。选择打印机厂商和型号。

5）单击"下一步"按钮，进入"命名打印机"界面，如图 4-57 所示。在"打印机名"文本框中输入打印机名称，一般默认系统自定名称即可。

6）单击"下一步"按钮，进入"打印机共享"界面，如图 4-58 所示。单击"共享名"单选按钮，并在后面的文本框中输入打印机的共享名。

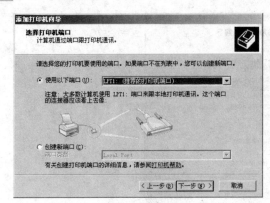

图 4-55 "选择打印机端口"界面

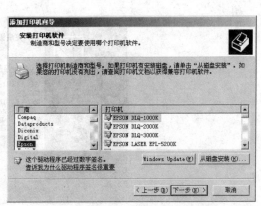

图 4-56 "安装打印机软件"界面

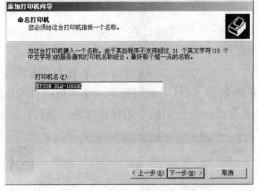

图 4-57 "命名打印机"界面

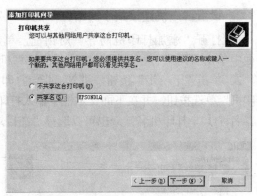

图 4-58 "打印机共享"界面

7) 单击"下一步"按钮，进入"位置和注释"界面，如图 4-59 所示。输入打印机的位置和注释。

8) 单击"下一步"按钮，进入"打印测试页"界面，如图 4-60 所示。如果要检查打印机是否安装正确，选择"是"并单击"下一步"按钮，若设置正确则打印机会自动打印一张测试页，否则打印机无响应。

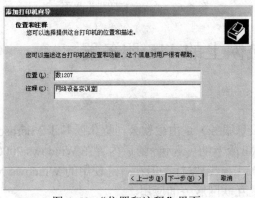

图 4-59 "位置和注释"界面

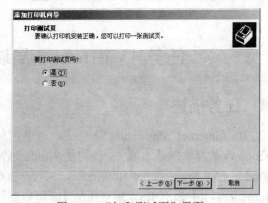

图 4-60 "打印测试页"界面

9) 安装配置操作完成，进入"正在完成添加打印机向导"界面，列出打印机的各种参数，如图 4-61 所示。

图 4-61 "正在完成添加打印机向导"界面

2. 设置客户机连接共享网络打印机

1）打开"添加打印机向导"对话框，单击"下一步"按钮，在"本地或网络打印机"界面中单击"网络打印机或连接到其他计算机的打印机"单选按钮，如图 4-62 所示。

2）单击"下一步"按钮，进入"指定打印机"界面，如图 4-63 所示。单击"连接到这台打印机"单选按钮，并在下面文本框中输入打印机的名称（\\打印机服务器网络地址或打印机服务器名称\共享打印机名），也可以选择"在目录中查找一个打印机"来寻找网络共享打印机。

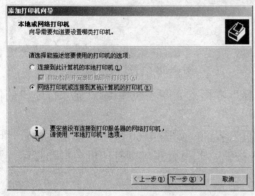

图 4-62 选择网络打印机

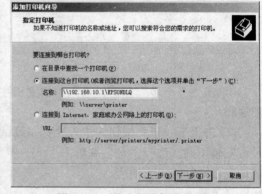

图 4-63 "指定打印机"界面

任务 4　Windows 局域网上的 IIS 服务器

↳ 任务描述

IIS（Internet Information Services，互联网信息服务）是由微软公司提供的基于 Microsoft Windows 的互联网基本服务。最初是 Windows NT 版本的可选包，随后内置在 Windows 2000、Windows XP Professional 和 Windows Server 2003 中一起发行，但在普遍使用的 Windows XP Home 版本上并没有 IIS。通过配置 IIS 可以实现互联网服务的应用。

↳ 任务分析

IIS 主要用于实现网页服务和网络数据传输服务，需要通过控制面板中的"添加或删除程序"命令来安装，进一步配置 Web 服务属性和 FTP 服务属性。

↘ 方法与步骤

1. 安装 IIS

（1）安装组件

1）选择"开始"→"控制面板"→"添加或删除程序" →"添加/删除 Windows 组件"命令，在"Windows 组件向导"对话框中勾选"应用程序服务器"项，如图 4-64 所示。

2）单击"详细信息"按钮，在打开的"应用程序服务器"对话框中勾选"Internet 信息服务（IIS）"项，如图 4-65 所示。单击"确定"按钮，按向导指示，完成对 IIS 的安装。

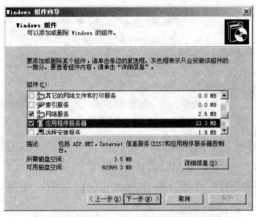
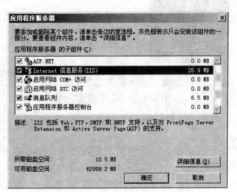

图 4-64 "Windows 组件向导"对话框　　　　图 4-65 选择应用程序服务器

（2）启动Internet信息服务（IIS） 选择"开始"→"所有程序"→"管理工具"→"Internet 信息服务（IIS）管理器"命令，即可启动"Internet信息服务"管理工具，如图4-66所示。

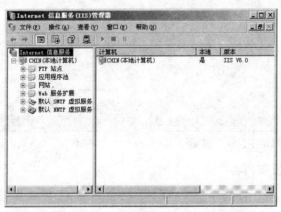

图 4-66 Internet 信息服务（IIS）管理器

2. 在 Web 站点上发布内容

1）为 Web 站点创建主页。

2）将主页文件命名为 index.htm 或 Default.asp。

3）将主页复制到 IIS 的默认或指定的 Web 发布目录中。默认 Web 发布目录也称为主目录，安装程序提供的位置是\Inetpub\wwwroot。

4）右击 Internet 信息服务（IIS）管理器中的网站，在弹出的快捷菜单中选择"新建"→"网站"命令，打开"网站创建向导"对话框，如图 4-67 所示。

5）单击"下一步"按钮，首先输入网站的标识信息。再单击"下一步"按钮，进入"IP 地址和端口设置"界面，输入网站的 IP 地址和 TCP 端口地址。如果通过主机头文件将其他站点添加到单一 IP 地址，必须指定主机头文件名称，如图 4-68 所示。

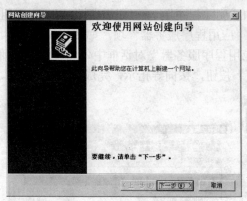
图 4-67　网站创建向导

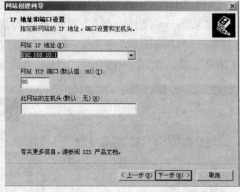
图 4-68　"IP 地址和端口设置"界面

6）单击"下一步"按钮，进入"网站主目录"界面，输入网站的主目录路径，如图 4-69 所示。

7）单击"下一步"按钮，进入"网站访问权限"界面，设置网站的访问权限，如图 4-70 所示。再单击"下一步"按钮，即可完成 Web 站点的设置。

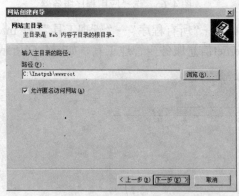
图 4-69　"网站主目录"界面

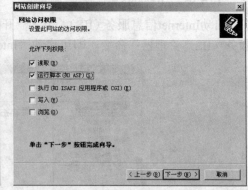
图 4-70　"网站访问权限"界面

3. 在 FTP 站点上发布内容

1）将文件复制或移动到默认的 FTP 发布目录。安装程序提供的默认目录是 \Inetpub\Ftproot。

2）右击 Internet 信息服务（IIS）管理器中的 FTP 站点，选择"新建"→"FTP 站点"命令，如图 4-71 所示。

3）打开"FTP 站点创建向导"对话框，首先在"FTP 站点描述"界面中输入 FTP 新站点的标识信息，如图 4-72 所示。

4）单击"下一步"按钮，进入"IP 地址和端口设置"界面，输入 FTP 站点的 IP 地址和 TCP 端口地址，如图 4-73 所示。

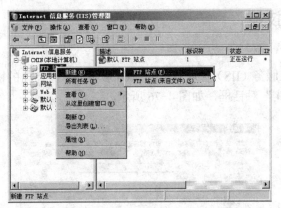

图 4-71 新建 FTP 站点

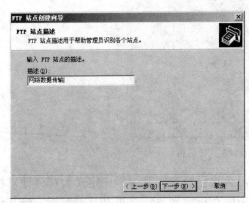

图 4-72 "FTP 站点描述"界面

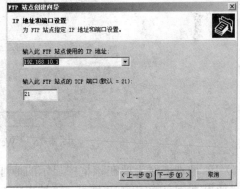

图 4-73 "IP 地址和端口设置"界面

5）单击"下一步"按钮，进入"FTP 站点主目录"界面，在"路径"文本框中输入 FTP 站点的主目录路径，如图 4-74 所示。

6）单击"下一步"按钮，进入"FTP 站点访问权限"界面，设置 FTP 站点的访问权限，如图 4-75 所示。再单击"下一步"按钮完成 FTP 站点的设置。

注意： 如果网络具有名称解析系统（通常为 DNS），访问者可以在其浏览器的地址栏中输入"ftp://服务器域名"。如果没有，访问者必须输入"ftp://服务器 IP 地址"。在 Web 和 FTP 站点建立完毕后，它们将自动开始运行。

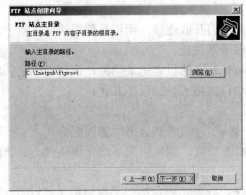

图 4-74 "FTP 站点主目录"界面

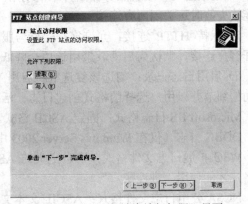

图 4-75 "FTP 站点访问权限"界面

➡ 相关知识与技能

1. Web 站点标识

右击 Internet 信息服务（IIS）管理器中的 Web 服务器，在弹出的快捷菜单中选择"属性"命令，打开"Web 属性"对话框，如图 4-76 所示。

图 4-76 "Web 属性"对话框

1）IP 地址：对于要在该框中显示的地址，必须已经在控制面板中定义为在该计算机上使用。如果不指定特定的 IP 地址，该站点将响应所有指定到该计算机并且没有指定到其他站点的 IP 地址，这将使该站点成为默认 Web 站点。

2）TCP 端口：确定正在运行服务的端口，默认情况下为端口 80。可以将该端口更改为任意唯一的 TCP 端口号，但是，用户必须事先知道请求该端口号，否则其请求将无法连接到用户的服务器。端口号是必需的，而且该文本框不能置空。

3）SSL 端口：要指定安全套接字层（SSL）加密使用的端口，需在该文本框中输入端口号。可以将该端口号更改为任意唯一的端口号，但是用户必须事先知道请求该端口号，否则其请求将无法连接到用户的服务器。必须有 SSL 端口号，该文本框不能为空。

4）连接超时：设置服务器断开未活动用户的时间（以秒为单位），这将确保 HTTP 在关闭连接失败时可关闭所有连接。

5）保持 HTTP 连接：允许客户保持与服务器的开放连接，而不是使用新请求逐个重新打开客户连接，默认为启动。禁用该项会降低服务器性能。

6）启用日志记录：勾选该复选框将启用 Web 站点的日志记录功能，该功能可记录用户活动的细节并以用户选择的格式创建日志。活动日志格式包括以下几种：

Microsoft IIS 日志格式：固定 ASCII 格式。

ODBC 日志（仅在 Windows Server 2003 中提供）：记录到数据库的固定格式。

W3C 扩展日志文件格式：可自定义的 ASCII 格式，默认情况下选择该格式。必须选择该格式才能使用"进程账户"。

NCSA 公用日志文件格式：ASCII 文本文件，数据是固定的；不能自定义该日志。

2．FTP 站点属性

右击 Internet 信息服务（IIS）管理器中的 FTP 服务器，在弹出的快捷菜单中选择"属性"命令，打开"默认 FTP 站点属性"对话框，如图 4-77 所示。

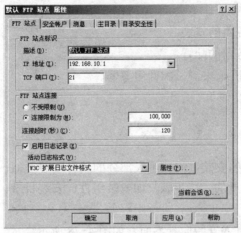

图 4-77 "默认 FTP 站点属性"对话框

1）描述：此名称主要用来标识个人和组织身份。

2）IP 地址：对于显示在此框中的地址，必须先在控制面板中定义为可使用。

3）TCP 端口：确定运行服务所在的端口，默认端口为 21。可以将此端口更改为任意的唯一 TCP 端口号。但是，用户在请求端口号之前，必须知道这个端口号，否则，请求将无法连接到服务器。

4）FTP 站点连接：设置同时连接到服务器的连接数量，可以选择不受限制或设置允许同时连接到服务器的最大连接数。

5）连接超时：设置服务器断开不活动用户前的时间。如果 HTTP 关闭连接失败，此选项可确保关闭所有连接。

6）启用日志记录：勾选此复选框以启用 FTP 站点日志记录，它可以记录有关用户活动的详细资料，并可以创建多种格式的日志文件。启用日志之后，需在"活动日志格式"列表中选择一种格式。活动日志格式包括 Microsoft IIS 日志格式、W3C 扩展日志文件格式和 ODBC 日志 3 种。

任务 5　电子邮件服务 Winmail

➥ 任务描述

企业电子邮件服务系统为企业提供自主的邮箱管理服务，以增强企业形象和品牌的宣传力度，加强并保持与客户的联系。它能够承载企业上百万的用户进行快速、高效的信息或数据的交换，并确保信息传送的保密性、扩展性和安全性；任何雇员只要简单操作，就能实现发送、接收、编辑、转发、存档、回复、通信等各种邮件功能，轻松完成繁琐、复杂的企业邮件管理工作。

任务分析

本任务通过使用 Winmail 邮件服务器为企业提供自主的邮箱管理服务，任务过程包含 3 部分：

- Winmail 邮件服务器的安装。
- Winmail 邮件服务器的配置。
- 设置 Outlook Express 来测试邮件服务器。

方法与步骤

1. 系统安装

Winmail 邮件服务器的安装过程和绝大部分的软件安装类似，本课程重点介绍的是邮件服务器安装过程中需要注意的一些步骤，如安装组件、安装目录、运行方式以及设置管理员的登录密码等。

1）双击安装文件，进入安装向导界面，如图 4-78 所示。

2）单击"下一步"按钮，进入"选择目标文件夹"界面，选择安装目录，如图 4-79 所示，注意不能用中文目录。

图 4-78　安装向导界面

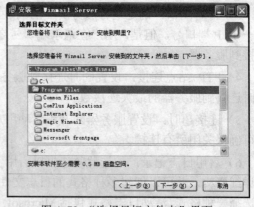

图 4-79　"选择目标文件夹"界面

3）单击"下一步"按钮，进入"选择组件"界面，如图 4-80 所示，服务器端通常选择"完全安装"。Winmail Server 主要的组件有服务器程序和管理端工具两部分，服务器程序主要是完成 SMTP、POP3、ADMIN、HTTP 等服务功能；管理端工具主要是负责设置邮件系统，如设置系统参数、管理用户、管理域等。

4）单击"下一步"按钮，进入"选择附加任务"界面，如图 4-81 所示。服务器程序的运行方式主要分为两种：作为系统服务运行和单独程序运行。以系统服务运行仅当用户的操作系统平台是 Windows NT4、Windows 2000、Windows XP 以及 Windows 2003 时才有效；以单独程序运行适用于所有的 Win32 操作系统。同时在安装过程中，如果是检测到配置文件已经存在，安装程序会让用户选择是否清除原有的配置文件，需要注意的是升级时要选择"保留原有配置"。

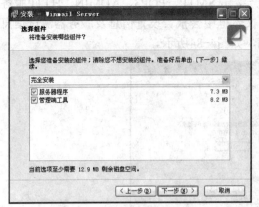

图 4-80 "选择组件"界面

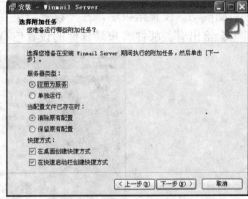

图 4-81 "选择附加任务"界面

5）单击"下一步"按钮，进入"密码设置"界面。在上一步中如果选择"清除原有配置"或第一次安装，则安装程序会让用户输入管理工具的登录密码和系统邮箱的密码，如图 4-82 所示。

6）单击"下一步"按钮，完成 Winmail Server 安装，如图 4-83 所示。

图 4-82 "密码设置"界面

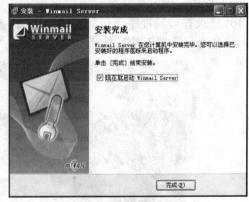

图 4-83 安装完成

系统安装成功后，安装程序会让用户选择是否立即运行 Winmail Server 程序。如果程序运行成功，将会在系统托盘区显示图标￼；如果程序启动失败，则用户在系统托盘区看到图标￼，这时用户可以通过 Windows 系统的"管理工具"→"事件查看器"命令查看系统的"应用程序日志"，了解 Winmail Server 程序启动失败原因。

2. 初始化配置

Winmail 邮件服务器安装完成后，管理员必须对系统进行一些初始化设置，系统才能正常运行。Winmail 邮件服务器在启动时，如果发现用户还没有设置域名，会自动运行快速设置向导，用户可以用它来简单、快速地设置邮件服务器。当然，用户也可以不用快速设置向导，而用功能强大的管理工具来设置服务器。

（1）使用快速设置向导设置 用户输入一个要新建的邮箱地址及密码，单击"设置"按钮，设置向导会自动查找数据库中是否存在要建的邮箱以及域名。如果不存在，向导会向数据库中增加新的域名和新的邮箱，同时向导也会测试SMTP、POP3、ADMIN、HTTP服务器是否启动成功。设置结束后，在"设置结果"文本框中会报告设置信息及服务器测试信息，同时也会给出有关邮件客户端软件的设置信息，如图4-84所示。

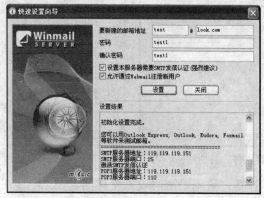

图 4-84　快速设置向导

为了防止垃圾邮件，强烈建议启用 SMTP 发信认证。启用 SMTP 发信认证后，用户在客户端软件中增加账户时也必须设置 SMTP 发信认证。

（2）使用管理工具设置

1）登录管理端程序。运行 Winmail 服务器程序或双击系统状态栏中的图标，启动 Winmail Server 管理工具，打开"连接服务器"对话框，如图 4-85 所示。

图 4-85　"连接服务器"对话框

管理工具启动后，用户可以使用用户名（admin）和在安装时设定的密码进行登录。

2）检查系统运行状态。管理工具登录成功后，选择"系统设置"→"系统服务"命令查看系统的 SMTP、POP3、ADMIN、HTTP、IMAP、LDAP 等服务是否正常运行。绿色的图标表示服务成功运行，红色的图标表示服务停止，如图 4-86 所示。

注意： 如果发现 SMTP、POP3、ADMIN、HTTP、IMAP 或 LDAP 等服务没有启动成功，可以选择"系统日志"→"SYSTEM"命令查看系统的启动信息。

如果出现服务启动不成功，一般情况都是端口被占用导致的，可关闭占用程序或者更换端口再重新启动相关的服务。

图 4-86　查看系统服务

3）设置邮件域。选择"域名设置"→"域名管理"命令，为邮件系统设置一个域，如图 4-87 所示。

图 4-87　域名管理

4）增加邮箱。用户成功增加域后，可以使用"用户和组"→"用户管理"命令加入几个邮箱，如图 4-88 所示。

图 4-88　用户管理

3. 收发信测试

以上各项均设置完成后，可以使用常用的邮件客户端软件，如 Outlook Express、Outlook、FoxMail 来测试。在"发送邮件服务器（SMTP）"和"接收邮件服务器（POP3）"文本框中设置为邮件服务器的 IP 地址或主机名，POP3 用户名和密码要输入用户管理中设定的。

下面以 Outlook Express 为例，讲述如何设置邮件客户端软件。

1）增加邮件账户。选择菜单栏中的"工具"→"电子邮件账户"命令，打开"电子邮件账户"对话框，选择"添加新电子邮件账户"项，如图 4-89 所示。

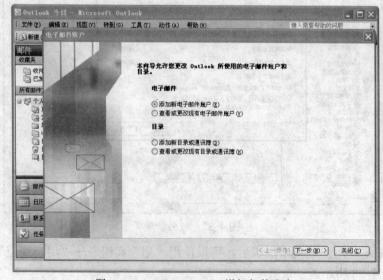

图 4-89　Outlook Express 增加邮件账户

2）单击"下一步"按钮，进入"服务器类型"界面，如图 4-90 所示，通常选择"POP3"。

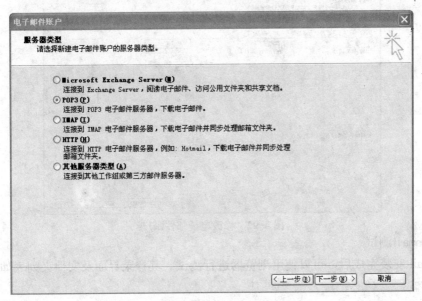

图 4-90　设置服务器类型

3）单击"下一步"按钮，进入"Internet 电子邮件设置（POP3）"界面，填写用户信息、登录信息、服务器信息及测试设置，如图 4-91 所示。再单击"下一步"按钮，即可完成账户添加。

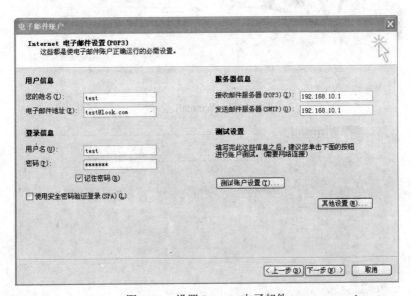

图 4-91　设置 Internet 电子邮件

4）修改电子邮件账户。若要对已建立的电子邮件账户进行修改，只需要在步骤 1 打开的对话框中选择"查看或更改现有电子邮件账户"项，再单击"下一步"按钮。在"电子邮件账户"界面中单击"更改"按钮，对电子邮件账户的相应内容进行修改即可，如图 4-92 所示。

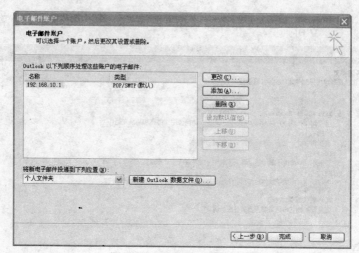

图 4-92　修改电子邮件账户

4．Winmail 测试

Winmail 安装完成后，可以使用浏览器进行测试。其登录界面及文件夹列表如图 4-93、图 4-94 所示。

图 4-93　Winmail 登录

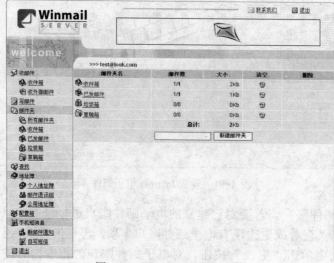

图 4-94　Winmail 文件夹列表

相关知识与技能

电子邮件服务器是处理邮件交换的软硬件设施的总称，包括电子邮件程序、电子邮件箱等。它是为用户提供全由 E-mail 服务的电子邮件系统，人们通过访问服务器实现邮件的交换。

服务器程序通常不能由用户启动，而是一直在系统中运行，它一方面负责把本机上发出的电子邮件发送出去，另一方面负责接收其他主机发过来的电子邮件，并把各种电子邮件分发给每个用户。

电子邮件程序是在计算机网络主机上运行的一种应用程序，它的任务是操作和管理电子邮件的系统。在处理电子邮件的时候，需要选择一种供使用的电子邮件程序。由于网络环境的多样性，各种网络环境的操作系统与软件系统也不相同，因此，电子邮件系统也不完全一样。

Magic Winmail Server 是一款安全、易用、全功能的邮件服务器软件，支持 SMTP、ESMTP、POP3、IMAP、WebMail、LDAP（公共地址簿）、SSL（TLS）、公共邮件夹和公告板、多域、发信认证、短信提醒、RBL、SPF、Spam Assassin、邮件签核、邮件杀毒、网络硬盘及共享、动态 IP 和域名、IIS 和 Apache、Web 管理、远程管理、反垃圾邮件、邮件过滤、别名、邮件监控、邮件网关和邮件备份等。

任务 6　NetMeeting 在局域网中的应用

任务描述

NetMeeting 可直接用网络（TCP/IP）地址呼叫对方，这种方式只要知道对方的网络地址，将其在呼叫时输入即可。使用 NetMeeting 时，被呼叫方一定要正在使用计算机，并且其 NetMeeting 一定要正处于打开状态。若对方没有打开 NetMeeting，则只有通过电子邮件来与对方联络，使其打开 NetMeeting。如果对方的计算机电源没有开启的话，这种方式就无法进行。这种使用 NetMeeting 的方式很费时，但它不需要使用目录服务器。以这种方式使用 NetMeeting 时，启用"新呼叫"窗口时，呼叫方式一定要选择"网络 TCP/IP"，地址项一定要选择网络上存在和正在使用的计算机的网络 TCP/IP 地址。

任务分析

NetMeeting 可以让身处异地的人们轻松进行会议，而且还可以指定会议主持人来负责整个会议的进程，如果你想成为会议主持人，就进行如下操作：

1）选择菜单栏中的"呼叫"→"主持会议"命令。

2）在窗口里设置会议的名称、密码、安全性、呼叫性质以及可使用的会议工具。

参加会议非常简单，直接呼叫主持人，或者由主持人呼叫被邀请人都可以。

进入会议后，单击"聊天"按钮将自动在你和与会人员屏幕上打开聊天窗口。在"消息"栏里可以输入需要发送的信息，然后单击旁边的"发送信息"按钮，就可以将信息发送到聊天窗口中。聊天窗口中的信息可以是发给每一个人，也可以是指定的人，这取决于在"发送给"这一栏里的选择。

📌 方法与步骤

1. NetMeeting 的启动

1）单击"开始"→"运行"命令，输入"conf"，打开 NetMeeting。首先进入到 NetMeeting 初始设置向导，如图 4-95 所示。

2）在弹出的对话框中输入用户名称以及电子邮件地址（位置与注释可不填），再单击"下一步"按钮，如图 4-96 所示。

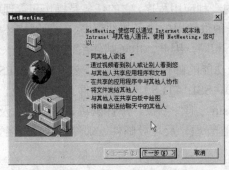

图 4-95　NetMeeting 初始设置向导　　　　图 4-96　设置个人信息

3）设置服务器类型。因只在局域网使用，这里直接单击"下一步"按钮，如图 4-97 所示。

4）选择网络类型。选择"局域网"项，单击"下一步"按钮，如图 4-98 所示。

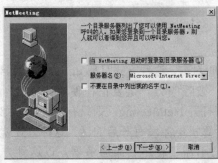

图 4-97　设置服务器类型　　　　图 4-98　设置网络类型

5）设置快捷键。通常默认选择，单击"下一步"按钮，如图 4-99 所示。

6）进入"音频调节向导"界面，通常采用默认设置即可。在进行测试与设置完毕后，单击"完成"按钮，如图 4-100 所示。

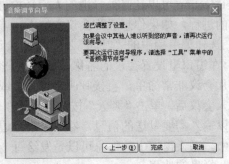

图 4-99　设置快捷键　　　　图 4-100　"音频调节向导"界面

7）启动 NetMeeting，进入到软件的使用界面，如图 4-101
所示。

2. 创建 NetMeeting 视频会议

1）选择菜单栏中的"呼叫"→"主持会议"命令，新建
一个视频会议。在弹出的"主持会议"对话框中设置会议名称
和密码（会议名称不能用中文），并勾选"会议工具"栏中的
"共享"、"聊天"、"白板"和"文件传送"4 个复选框，
单击"确定"按钮，如图 4-102 所示。

2）建立会议后，与会的计算机即可呼叫主持会议的主机。
选择菜单栏中的"呼叫"→"新呼叫"命令，或是单击 NetMeeting
使用界面中的"呼叫"按钮，打开"发出呼叫"对话框，输入
IP 地址，并单击"呼叫"按钮即可，如图 4-103 所示。

图 4-101　NetMeeting 使用界面

图 4-102　设置会议

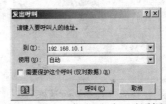

图 4-103　"发出呼叫"对话框

3）此时，被呼叫方的计算机中会出现是否应接呼叫的提示框，如图 4-104 所示。

4）单击"接受"按钮，拨入方计算机即可以登录会议，如果在"会议属性"栏中设置
了会议密码，此时还会弹出一个对话框要求用户提交验证密码。连接后，与会者的名称会在
NetMeeting 使用界面中列出，如图 4-105 所示。在 NetMeeting 中使用视频功能很简单，只需
要单击主界面的中的"开始视频"按钮，即可发送视频流，在视频按钮右侧还有两个按钮，
分别用于切换画中画效果和调节音量。

图 4-104　"拨入呼叫"提示框

图 4-105　显示与会者名称

3．NetMeeting 其他功能

NetMeeting 界面下方有 4 个按钮，分别对应"共享"、"聊天"、"白板"和"传送文件" 4 项主要功能（这 4 项功能需要在"会议属性"栏中勾选启用，否则在会议中处于不可用状态）。

1）共享：单击"共享"按钮，NetMeeting 会弹出一个"共享"对话框，可以选择在会议中与其他人共享的项目，如图 4-106 所示。

2）聊天：单击"聊天"按钮，NetMeeting 会弹出一个"聊天"对话框，可以对所有或是某一与会者发送聊天信息，如图 4-107 所示。

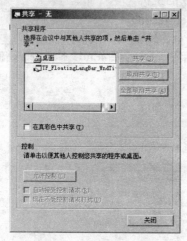

图 4-106 "共享"对话框

图 4-107 "聊天"对话框

3）电子白板：单击"电子白板"按钮，NetMeeting 会启动一个所有与会者共享的白板程序，与会人员可以在上面通过绘制图表信息、使用草图或展示图形来解释概念，还可以复制桌面或窗口区域，将其粘贴到白板上，如图 4-108 所示。

4）文件传送：单击"文件传送"按钮，NetMeeting 会启动文件传送程序。"文件传送"功能是用来在与会者之间传送与接收文件用的，使用比较简单，只需单击"文件传送"按钮并选择需要传送的文件即可，如图 4-109 所示。

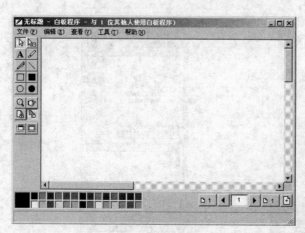

图 4-108 "电子白板"对话框

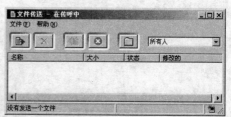

图 4-109 "文件传送"对话框

相关知识与技能

NetMeeting 是 Windows 系统自带的网上聊天软件，意为"网上会面"。NetMeeting 除了能够发送文字信息聊天之外，还可以配置麦克风、摄像头等仪器，进行语音、视频聊天。NetMeeting 是通过计算机的 IP 地址来查找，所以，只需知道计算机的 IP 地址就能够与另外的计算机聊天。

NetMeeting 的操作非常简单，在 Windows XP 系统中选择"开始"→"运行"命令，输入"conf"后单击"运行"按钮，就能打开 NetMeeting。进行一些设置后，就能正式使用。当想要呼叫某人时，在 NetMeeting 使用界面的输入框中输入想要呼叫的计算机 IP 地址，再单击旁边的"呼叫"，就能发出呼叫，当对方接受后就可以进行聊天。如果有摄像头等设备，还可以进行视频聊天。

由于全球大多数计算机都使用 Windows 系统，所以 NetMeeting 特别适用于跨国聊天，而不用担心对方的聊天工具与自己的不同。

NetMeeting 最大的特点就是功能实用、上手简单，这一点非常适合在家需要协同办公的用户。它的另一个功能就是可以和其他人共享操作彼此计算机屏幕上的电子白板，和其他人一起协同完成演示文稿、表格统计等协同办公内容，这对于 SOHO 一族很重要。

总结起来，NetMeeting 共有以下 4 大功能：

● 聊天：文字、语音、视频都可以。

● 电子白板：可以和朋友共享一块白板，一起画图、完成演示文稿、进行表格统计等。

● 文件传递：特别是比较大的文件，用 NetMeeting 直接传递，避免了邮箱因容量不足而拒绝接收的问题，非常方便，但是要注意网络传输速率。

● 共享桌面、共享程序：如果你对一些计算机功能不了解，可以请高手指导操作，但是他不必亲自到你家中，而是直接通过网络在线指导，快捷、高效。

项目实训：组建办公室局域网

项目描述：一个位于 5 星级写字间的公司，格局为 3 室 1 厅 2 卫，办公人员共 6 人。1 室为经理室，经理 1 人，出纳 1 人；1 室为办公室，文员 2 人，内勤 1 人，网络管理员 1 人；1 室为会议室；1 厅为会客厅。6 人均使用计算机办公，都使用固定的隔断式办公桌。为了实现信息时代的办公自动化，特规划建设办公室局域网。

项目模式如图 4-110 所示。

图 4-110 项目模式

项目环境：4 台计算机；交换机；螺丝刀；压线钳子；双绞线；RJ-45 插头；测线器；Windows XP 系统光盘；Windows 2003 系统光盘；Winmail 软件。

项目要求：构建办公室局域网应该能够满足正常办公的需求，包括接入 Internet、办公网络的网络管理，办公打印机的共享，办公网络会议，建立企业内部的电子邮局，网络电子商务，并且可以实现来宾在会客室使用便携式计算机进行无线上网。

- 熟练掌握 Windows Server 服务器的完全安装方法。
- 熟练掌握网络打印服务的配置方法。
- 熟练掌握 Windows 局域网上的 IIS 服务器的配置方法。
- 熟练掌握电子邮件服务 Winmail 的配置方法。
- 熟练掌握 NetMeeting 在局域网中的应用。

项目评价：

项目实训评价表

		内　容		评　价		
	学 习 目 标	评价项目	优	合格	不合格
职业能力	安装 Windows Server 服务器	掌握配置 Active Directory（活动目录）的方法			
		掌握配置 DNS 服务器的方法			
	网络打印服务的配置	掌握网络打印服务的配置方法			
	IIS 服务器的配置	掌握 Web 站点的配置方法			
		掌握 FTP 站点的配置方法			
	电子邮件服务 Winmail 的配置	掌握电子邮件服务器的配置方法			
		通过 Outlook Express 测试邮件服务器			
	NetMeeting 在局域网中的应用	掌握 NetMeeting 的设置方法			
		掌握建立局域网网络会议的方法			
	解决问题能力				

主要步骤：	优
	合格
综合评价	
	不合格
指导教师：	
年　月　日	

第 5 章 网 吧 组 建

近年来，以互联网为代表的新技术革命正引领着传统的电信概念和结构体系向一个全新的方向发展。随着各国接入网市场的逐渐开放以及电信管制政策的日渐放松，新业务需求在越演越激烈的地盘争霸战中层出不穷。在巨大的市场潜力驱动下，产生了各种各样的接入网技术，有线接入和无线接入等技术的不断成熟加快了各自的商用步伐。网吧乘此风迅速崛起而呈现出遍地开花之势，随着网吧的增多，行业之间的竞争也越来越激烈，要在激烈的竞争中立于不败之地，设计和组建一个稳定、高速、便于管理控制的低投资、高收益的网吧网络就显得极其重要，而选择一种合适的网络接入方式则是实现此举的关键，路由器、交换机等网络设备的选购也是相当重要的。

能力目标

- 安装无盘工作站。
- 无盘网络 DHCP 的设置。
- 添加和设置工作组和用户。
- 架设流媒体服务器。
- 网吧管理软件。

任务 1 安装无盘工作站

➡ 任务描述

随着信息社会的发展，大家已经对网吧不再陌生，学生、低收入者等一些没有能力购置上网所需的计算机与其他设备或想感受集体上网冲浪乐趣的人群成就了现在的网吧行业。随着网吧行业竞争的激烈，如何能保证网络系统运行的高效性和稳定性，在网吧的建设中就显得越来越重要。

为了节约成本，一些小型网吧和经济型网吧往往采用无盘网络。什么是无盘网络？简言之，就是一个网络中的所有工作站上都不安装硬盘，而全部通过网络服务器来启动，这样的网络就是无盘网络，这些工作站被称为无盘工作站。无盘网络不仅可以降低工作站的成本，而且管理和维护都很方便。试想，如果把工作站要用到的操作系统的文件和软件都放到服务器上，那么只需要系统的管理和维护服务器就可以了。在组建无盘网络时，要求所有工作站的网卡均配有相应的无盘启动芯片（BOOTROM）。

➡ 任务分析

目前流行的无盘网络技术有 3 种：RPL、PXE、Windows 2000 终端。本节以目前常使用的软件系统为例进行讲解，采用的软件为：Windows Server 2003 系统，Windows XP，锐起无盘 XP 3.1。

➥ 方法与步骤

1. 服务器无盘软件安装

首先为服务器安装 Windows Server 2003 系统，然后安装锐起无盘软件。

1）运行锐起无盘 XP 3.1 文件，选择简体中文，单击"确定"按钮，进入安装向导，如图 5-1 所示。

2）单击"下一步"按钮，进入"信息"界面，单击"下一步"按钮，如图 5-2 所示。

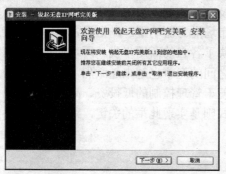
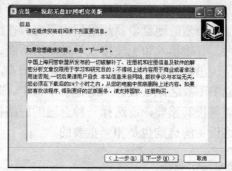

图 5-1　安装向导欢迎界面　　　　　　　　　　图 5-2　信息界面

3）进入"选择组件"界面，选择"完全安装"选项和"锐起无盘 XP 3.1 主服务器端（蜘蛛版）"单选按钮，如图 5-3 所示。

4）进入"选择开始菜单文件夹"界面，单击"下一步"按钮，如图 5-4 所示。

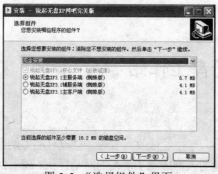
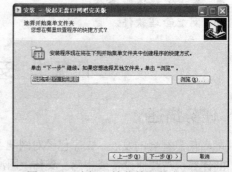

图 5-3　"选择组件"界面　　　　　　　　　图 5-4　"选择开始菜单文件夹"界面

5）进入"准备安装"界面，单击"安装"按钮，如图 5-5 所示。

6）安装完成后，单击"完成"按钮即可，如图 5-6 所示。

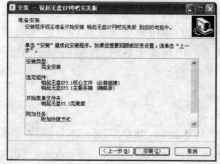

图 5-5　"准备安装"界面　　　　　　　　　　图 5-6　安装完成

2. 客户端无盘软件安装

1）运行锐起无盘 XP 3.1 文件，选择简体中文，单击"确定"按钮，进入安装向导。

2）单击"下一步"按钮，进入"选择组件"界面，选择"自定义安装"选项和"锐起无盘 XP3.1 主客户端（蜘蛛版）"单选按钮，如图 5-7 所示。

3）单击"下一步"按钮，后续步骤同服务器无盘软件安装。

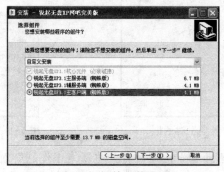

图 5-7　组件安装界面

4）结束安装之后弹出配置系统界面，如图 5-8 所示。

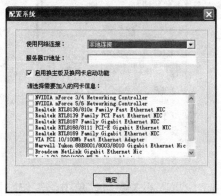

图 5-8　配置系统界面

3. 软件配置

1）打开锐起无盘 XP 3.1 主客户端（蜘蛛版），软件界面如图 5-9 所示。

图 5-9　锐起无盘 XP 3.1 主客户端（蜘蛛版）界面

2）单击"磁盘管理"按钮，弹出"磁盘管理"对话框，单击"新增"按钮，弹出"新增磁盘"对话框，建立镜像硬盘。为磁盘起名，调整磁盘容量，指定映像文件路径，如图5-10和图5-11所示。

图5-10 "磁盘管理"对话框 　　　　　图5-11 "新增磁盘"对话框

3）在软件界面中单击"新增"按钮，打开"新增工作站"对话框，如图5-12所示。

图5-12 "新增工作站"对话框

4）在"基本信息"选项卡中填入相关参数，单击"工作站目录"后的浏览按钮，打开"浏览文件夹"对话框，将系统传入镜像文件中，如图5-13所示。

5）在"磁盘"选项卡中，单击"设置"按钮，打开"磁盘设置"对话框，把在服务器中建立的磁盘给工作站磁盘，如图5-14所示。

图5-13 工作站目录设置 　　　　　图5-14 "磁盘设置"对话框

6）单击"服务器"选项卡中的"首选服务器"下拉列表框，设置服务器IP地址，如图5-15所示。

7）配置完成后的软件界面如图 5-16 所示。

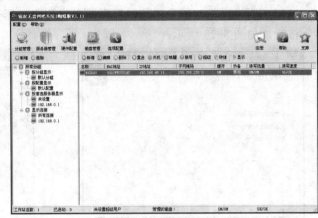

图 5-15　新增工作站首选服务器 IP 设置　　　　　　图 5-16　显示新增工作站

8）选中新建的用户，单击"超级"按钮，弹出"选择磁盘"对话框，选择磁盘，如图 5-17 所示。

9）启动客户机。客户机启动后，在"我的电脑"图标上右击，选择"管理"→"磁盘管理"命令，进入磁盘初始化和转换向导，如图 5-18 所示。

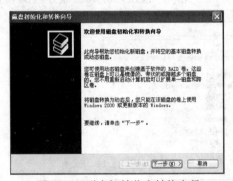

图 5-17　"选择磁盘"对话框　　　　　　　图 5-18　磁盘初始化和转换向导

10）单击"下一步"按钮，进入磁盘转换界面。注意：磁盘转换不选择磁盘。在该界面中直接单击"下一步"按钮，如图 5-19 所示。

11）在未指派的磁盘上右击，选择"新建磁盘分区"命令，进入新建磁盘分区向导，建立主分区，选择"主磁盘分区"单选按钮，单击"下一步"按钮，如图 5-20 所示。

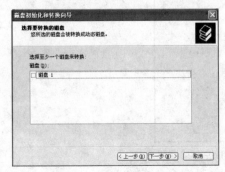

图 5-19　磁盘转换界面　　　　　　　　图 5-20　建立主磁盘分区

12）在"指定分区大小"界面中调整分区大小，单击"下一步"按钮，如图 5-21 所示。

13）在"指派驱动器号和路径"界面中设置驱动器号，往往采用默认设置，单击"下一步"按钮，如图 5-22 所示。

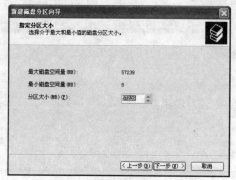
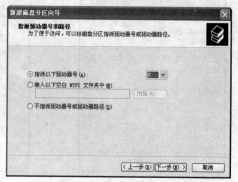

图 5-21　设置主磁盘分区空间　　　　图 5-22　设置主磁盘分区驱动器号

14）在"格式化分区"界面中，选择"按下面的设置格式化这个磁盘分区"单选按钮，"文件系统"选择"NTFS"，其他选项保持默认设置，最后选择"执行快速格式化"复选框，单击"下一步"按钮，如图 5-23 所示。

15）单击"完成"按钮，完成磁盘分区的设置，如图 5-24 所示。

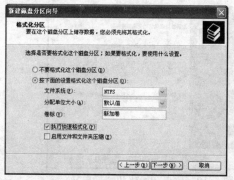
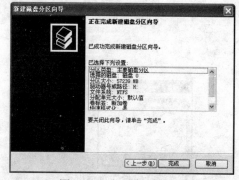

图 5-23　主磁盘分区格式化设置　　　　图 5-24　主磁盘分区完成

16）把客户机的系统上传到服务器中，制作成镜像，单击桌面上的"锐起无盘 XP 上传"图标，打开"锐起无盘 XP 上传工具"对话框，如图 5-25 所示。

图 5-25　"锐起无盘 XP 上传工具"对话框

填写目标盘，即刚刚在上面步骤中新建立的新磁盘主分区，然后单击"开始"按钮。到此为止我们一个镜像就制作完成了。

➜ 相关知识与技能

1．网吧概述

网吧局域网络的组建主要取决于资金，普通的小型网吧和经济型网吧往往采用无盘网络，一些大型网吧和豪华型网吧往往采用有盘网络。

对于有盘网络的网吧，接入 Internet 的方式往往采用 ADSL 和光纤两种。ADSL 就是大家常说的"宽带"。小型网吧采用 ADSL 接入方式的原因是 ADSL 比较便宜，而且安装方便。但 ADSL 的带宽有限，所以采用 ADSL 的网吧往往使用两台高性能的带宽路由器和有 VLAN 功能的交换机，以较低的价格获得较好的应用效果。大中型网吧采用光纤接入方式的原因是光纤能够很好地解决带宽的问题，并且速度快、障碍率低、抗干扰性强。

2．网吧基础硬件

由于网吧的需求特殊，对成本控制的要求也比较高，因此，一般网吧基于资金的分配和当时流行的配置，往往选择 DIY 兼容机而不是品牌机。经济型的网吧往往使用大量集成设备，价位一般在 3000 元左右。而大型豪华网吧为了得到游戏玩家和网迷的青睐，显卡、声卡往往都采用独立的，价位一般在 5000 元左右。

至于网吧服务器，可以采购配置较高的普通计算机，也可以采购更加高端的专用工作组级别服务器。如果服务器要负载在线电影等大量读取数据的业务，还要选购磁盘阵列设备。一般服务器价位在 6000 元左右。

3．PXE 原理

PXE（Preboot Execution Environment，远程引导技术）是 RPL（Remote Initial Program Load，远程启动服务）的升级产品。它们的不同之处在于：RPL 是静态路由，PXE 是动态路由。不难理解，RPL 是根据网卡上的 ID 号加上其他的记录组成一个帧向服务器发出请求，而服务器那里早已经有了这个 ID 数据，匹配成功则进行远程启动；PXE 则是根据服务器端收到的工作站 MAC 地址（就是网卡号），使用 DHCP 服务给这个 MAC 地址指定一个 IP 地址，每次重启动可能同一个工作站与上次启动有不同的 IP 地址，即动态分配地址。下面以工作站引导过程说明 PXE 的工作原理。

1）工作站开机后，PXE BootROM（自启动芯片）获得控制权之前先做自我测试，然后以广播形式发出一个请求 FIND 帧。

2）如果服务器收到工作站所送出的请求，就会送回 DHCP 回应，内容包括用户端的 IP 地址、预设通信通道及开机映像文件。否则，服务器会忽略这个请求。

3）工作站收到服务器发回的响应后会回应一个帧，以请求传送启动所需的文件。

4）当服务器收到信号之后，将有更多的讯息在工作站与服务器之间作应答，用以决定启动参数。BootROM 由 TFTP 通信协议从服务器下载开机映像档，这个映像档就是软盘的映像文件。

5）工作站使用 TFTP 接收启动文件后，将控制权转交启动块，引导操作系统，完成远程启动。

4．以光纤接入方式组建有盘网络的网吧

网吧网络应用类型非常的多样化，对网络带宽、传输质量和网络性能有很高的要求。网络应用要集先进性、多业务性、可扩展性和稳定性于一体，不仅满足顾客在宽带网络上同时传输语音、视频和数据的需要，而且还支持多种新业务数据处理能力，上网高速通畅，大数据流量下不掉线、不停顿等。在众多的 Internet 接入方式中，光纤接入以其独特的带宽优势脱颖而出，作为信息化发展时代的快速通道，成为众多网吧经营者的理想选择。

组网方案如下：

1）光纤直接接到网吧，然后通过一个光纤收发器将光信号转换成 10/100Mbit/s 的电信号。接入采用光纤，速度快、稳定性好、障碍率低、抗干扰性特强。

2）用一个路由器作为局域网的网关，此路由器在功能与性能上必须满足网吧网络的需求。由于它是专门用于路由转发、地址映射的硬件设备，在工作效率上比计算机主机强百倍，且具有非常优异的稳定性。此路由器需具备双以太口：一个用与光纤收发器连接，另一个用与交换机连接，连接介质均为网线。路由器作网关，路由转发能力强、稳定性好、具有很高的安全性，可以确保局域网内部计算机安全上网无后顾之忧，而且可以保持长期在线。

5．网吧路由器

路由器在网络环境中是一个非常重要的设备，在不同的网络应用环境中，如何选择合适的路由器，往往成为决定网络建设成败的重要因素。若网吧采用了光纤上网方式，那么就需要使用可连接光纤的路由器，这样才能保证光纤接入网吧。现在很多的路由器都拥有同时支持多种宽带接入方式的功能。对于规模较大的网吧来说，它们不光需要能接入光纤的路由器，还需要性能稳定、功能强大、安全可靠、操作简单、价格合理的专用路由器，这样方能更好地配合光纤接入的高速、稳定，让网吧网络系统运行得更好。

6．网吧路由器

Intel PXE-PDK 2.0 是 Intel 公司开发的用于 PXE 无盘局域网的服务器端软件。该软件操作简单且完全免费，因此，长期以来被广泛地应用于各种用途的无盘局域网中。

安装 PXE-PDK 2.0 的过程很简单。将下载得到的自解压文件 pxe20-pdk.exe 解压至合适的位置。解压完成后自动进入 PXE-PDK 的安装向导，然后按照安装提示信息一步一步安装即可。

（1）服务器端网络协议的添加和配置　Windows Server 2003支持的网络协议很多，有些协议是PXE启动所必需的，有些则是应用软件所要求的（例如，许多游戏软件要求使用IPX/SPX协议联网），在"网络协议"列表框中检查是否有NWLink NetBios、NWLink IPX/SPX/NetBIOS Compatibles Transport Protocol 和NetBEUI Protocol，如果没有要添加相应组件，如图5-26所示。

（2）Intel PXE-PDK 2.0的安装和设置　在安装目录下，双击PXE200-PDK文件，开始安装PXE，按软件默认设置安装即可。当到达"Select Components"选项时，选择"Install with windows NT4 Server CD"，并将Windows Server 2003安装盘放入光驱，随后提示路径为C:\clientsmsclient setup，单击"OK"按钮，再单击"Next"按钮，在"Select the configuration of the PXE Server"选项中，选择前三项，然后重启计算机。

制作一张 PXE DOS 启动映像盘，用以测试网络，可以跳过不作。执行"开始"→"程序"→"PXE PDK/PXE PDK Configuration Program"命令，出现图 5-27 所示的窗口。在窗口中右击"proxyDHCP Server"选项，选择"Configure proxyDHCP Server"命令，出现"Configure proxyDHCP Server"对话框，单击"Client Option"选项卡，在"Remote Boot Prompt Timeout Seconds"文本框中输入"0"，使无盘站启动时，无菜单显示。取消勾选"Broadcase Discover"复选框，即不采用广播方式，这样可以取消启动时的 10 秒钟等待，加快启动速度。

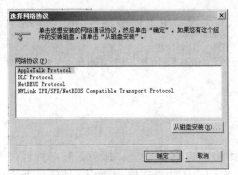
图 5-26 网络协议界面

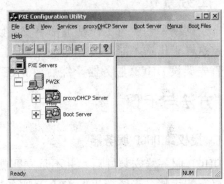
图 5-27 PXE Configuration Utility 窗口（1）

在"Configure proxyDHCP Server"对话框中单击"to BootServer discovery List"按钮，出现"Define Bootserver Discovery List"对话框，在"Bootserver"列表框中选择"DOSUNDI"选项，并设置 IP 地址，如图 5-28 所示，单击"OK"按钮，返回"Configure proxyDHCP Server"对话框。

单击"确定"按钮，返回"PXE ConfigurationUtility"窗口。在"PXE Configuration Utility"窗口中选择"proxyDHCP Server"→"Client Boot Menu"命令，选中"X86PC（UNDI）"之后，在右边的窗口中右击"DOSUNDI1"图标，在弹出的快捷菜单中选择"Move Entry Up"命令，此时可以看到"DOSUNDI"图标移到了第一项，如图 5-29 所示。

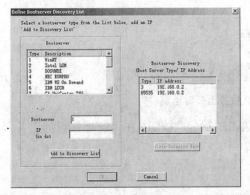
图 5-28 "Define Bootserver Discovery List"对话框

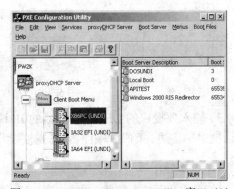
图 5-29 PXE Configuration Utility 窗口（2）

任务 2　无盘网络 DHCP 的设置

➷ 任务描述

为了节约成本，一些小型网吧和经济型网吧往往采用无盘网络。一个网络中的所有工作站上都不安装硬盘,全部通过网络服务器来启动,那么这样的网络如何上网呢？Windows Server 2003 提供了符合 RFC（注释请求）的 DHCP 服务,可用来管理 IP 客户机配置,并且网络上自动进行 IP 地址指派。在 PXE 无盘网络中,工作站是通过 MFTP 方式传送文件的,所用的协议为 TCP/IP,而其 IP 地址就是通过 Windows Server 2003 提供的 DHCP 服务获得的。

➡ 任务分析

一个网络中的所有工作站上都不安装硬盘,只有架设 DHCP 服务器自动给工作站分配 IP 地址,这样工作站才能连接 Internet。

首先架设 DHCP 服务器,然后为 PXE 增加一个"060 DHCP"选项即可。

➡ 方法与步骤

1. 授权给 DHCP 服务器

DHCP 服务器安装好后,并不是立即就可以给 DHCP 客户端提供服务,它必须经过一个"授权"的步骤。未经授权的 DHCP 服务器在接收到 DHCP 客户端索取 IP 地址的要求时,并不会给 DHCP 客户端分派 IP 地址。

被授权的 DHCP 服务器的 IP 地址记录在 Windows Server 2003 的 Active Directory 内,必须是 Domain Admin 或 Enterprise Admin 组的成员,才可以执行 DHCP 服务器的授权工作。

给 DHCP 服务器授权的操作步骤如下:

1）选择"开始"→"程序"→"管理工具"→"DHCP 管理工具"命令,打开 DHCP 管理窗口。

2）右击要授权的 DHCP 服务器,选择"管理授权的服务器"→"授权"命令,出现图 5-30 所示的对话框。

图 5-30 "授权 DHCP 服务器"对话框

3）输入要授权的 DHCP 服务器的 IP 地址,单击"确定"按钮,在"管理授权的服务器"对话框中单击"关闭"按钮,完成授权操作。

2. 设置作用域

1）单击"开始"菜单,执行"程序"→"管理工具"→"DHCP"命令,启动 DHCP 界面。

2）右击要创建作用域的服务器,选择"新建作用域"命令,出现"新建作用域向导"对话框,单击"下一步"按钮,输入作用域的名称,如"PXE",然后单击"下一步"按钮,设置 IP 地址的范围为 210.43.16.70～210.43.16.108,如图 5-31 所示。单击"下一步"按钮之后出现"添加排除"对话框,再单击"下一步"按钮,出现"租约期限"对话框,保持默认设置,单击"下一步"按钮,出现"配置 DHCP"对话框,选取"否,我想稍后配置这些选项"单选按钮,单击"下一步"按钮,出现"完成"界面,单击"完成"按钮,作用域建立完成。

3）右击刚创建完成的作用域服务器，选择"属性"命令，出现作用域属性对话框，在"DHCP 客户的租用期"选项组中选择"无限制"单选按钮。单击"确定"按钮，租约设置完成，如图 5-32 所示。

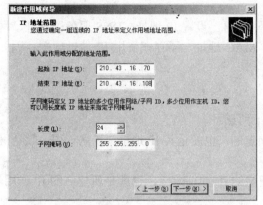

图 5-31　设置 DHCP 服务器 IP 地址范围

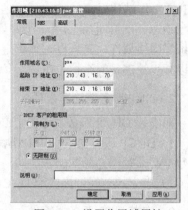

图 5-32　设置作用域属性

4）激活作用域。右击刚创建完成的作用域服务器，在弹出的快捷菜单中选择"激活"命令。

5）为 PXE 增加一个"060 DHCP"选项，它的 ID 为 060，名称为 class，ID 类型为字符串。在 Windows Server 2003 下无法直接添加这一选项，可以运行 PXEREG60.EXE 程序（此程序在 C:\program files\intel\pxe\pdk\system 下）来完成添加。双击 PXEREG60.EXE 文件，运行此程序，打开 060 class ID 安装向导，如图 5-33 所示。单击"Add option 60"按钮，再单击"Set 60 as PXE Client"按钮，添加完毕后单击"Exit"按钮退出。

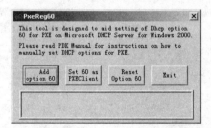

图 5-33　060 class ID 安装向导

相关知识与技能

1．DHCP 服务器概述

DHCP（Dynamic Host Configuration Protocol，动态主机配置协议）是一个简化主机 IP 地址分配管理的 TCP/IP 标准协议。它能够动态地向网络中的每台设备分配独一无二的 IP 地址，并提供安全、可靠且简单的 TCP/IP 网络配置，确保不发生地址冲突，帮助维护 IP 地址的使用。所以，DHCP 的作用是为网络上的计算机动态地分配 IP 地址。

使用 DHCP 方式动态分配 IP 地址时，整个网络必须至少有一台安装了 DHCP 服务的服务器。其他要使用 DHCP 功能的客户端也必须要有支持自动向 DHCP 服务器索取 IP 地址的功能。当 DHCP 客户机第一次启动时，它就会自动与 DHCP 服务器通信，并由 DHCP 服务器分配给 DHCP 客户机一个 IP 地址，直到租约到期。租约到期后，这个地址就会被 DHCP 服务器收回，并将其提供给其他的 DHCP 客户机使用。

动态分配 IP 地址可以解决 IP 地址不够用的问题。因为 IP 地址是动态分配的，而不是固定给某个客户机使用，所以，只要有空闲的 IP 地址可用，DHCP 客户机就可由 DHCP 服务器取得 IP 地址。当客户机不需要使用此地址时，就由 DHCP 服务器收回，并提供给其他的 DHCP 工作站使用。

动态分配 IP 地址的另一个好处是，用户不必自己设置 IP 地址、DNS 服务器地址、网关地址等网络属性，甚至也无须绑定 IP 地址与 MAC 地址，不存在盗用 IP 地址问题，因此，可以减少管理员的维护工作量。

2．DHCP 服务器注意事项

在安装 DHCP 服务器之前，必须注意以下两点：

1）DHCP 服务器本身的 IP 地址必须是固定的，也就是其 IP 地址、子网掩码、默认网关等数据必须是静态分配的。

2）事先规划好可提供给 DHCP 客户端使用的 IP 地址范围，也就是所建立的 IP 作用域。

3．安装 DHCP 服务器组件

1）选择"开始"→"设置"→"控制面板"→"添加或删除程序"命令，单击"添加/删除 Windows 组件"按钮。

2）出现图 5-34 所示的"Windows 组件向导"对话框，选择"网络服务"复选框，单击"详细信息"按钮。

3）在"网络服务"对话框中选择"动态主机配置协议（DHCP）"复选框，单击"确定"按钮，如图 5-35 所示。

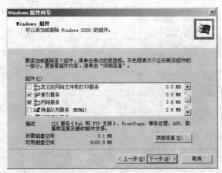
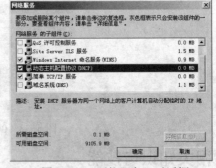

图 5-34　"Windows 组件向导"对话框　　　　图 5-35　"网络服务"对话框

4）回到前一对话框，单击"下一步"按钮，直至安装完成。

5）完成安装后，在"开始"→"程序"→"管理工具"程序组内会多一个"DHCP"选项，供用户管理与设置 DHCP 服务器。

4．架设 DHCP 服务器

在 DHCP 服务器内，必须设定一段 IP 地址的范围（可用的 IP 作用域），当 DHCP 客户端请求 IP 地址时，DHCP 服务器将从此段范围提取一个尚未使用的 IP 地址分配给 DHCP 客户端。

建立一个新的 DHCP 作用域的步骤如下：

1）选择"开始"→"程序"→"管理工具"→"DHCP"命令，打开 DHCP 管理窗口，右击要创建作用域的服务器，选择"新建作用域"命令。

2）出现"新建作用域向导"对话框时，单击"下一步"按钮，为该域设置一个名称并输入一些说明文字，如图 5-36 所示。

3）单击"下一步"按钮，在"IP 地址范围"界面中定义新作用域可用的 IP 地址范围、子网掩码等信息，如图 5-37 所示。

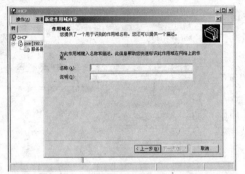
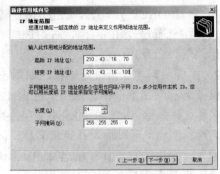

图 5-36　"新建作用域向导"对话框　　　　图 5-37　"IP 地址范围"界面

4）单击"下一步"按钮，如果在上面设置的 IP 作用域内有部分 IP 地址不想提供给 DHCP 客户端使用，则可以在"添加排除"界面中设置需排除的地址范围。例如，输入"192.168.1.20"和"192.168.1.30"，单击"添加"按钮，如图 5-38 所示。

需要注意的是，在一台 DHCP 服务器内，只能针对一个子网设置一个 IP 作用域。例如，不可以建立一个 IP 作用域为 192.43.16.1～192.43.16.60 后，又建立另一个 IP 作用域为 192.43.16.100～192.43.16.160。解决方法是先设置一个连续的 IP 作用域为 192.43.16.1～192.43.16.160，然后将中间的 192.43.16.61～192.43.16.99 添加到排除范围。

5）单击"下一步"按钮，在"租约期限"界面中设置 IP 地址的租用期限，默认值是 8 天，如图 5-39 所示。

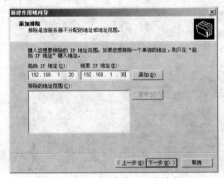
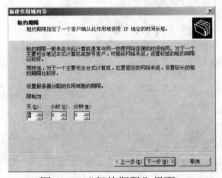

图 5-38　添加排除 IP 地址段　　　　图 5-39　"租约期限"界面

6）单击"下一步"按钮，如果选择"是，我想现在配置这些选项"单选按钮，然后单击"下一步"按钮，可为这个 IP 作用域设置 DHCP 选项，分别是默认网关、DNS 服务器、WINS 服务器等。当 DHCP 服务器在给 DHCP 客户端分派 IP 地址时，同时将这些 DHCP 选项中的服务器数据指定给客户端。如果选择"否，我想稍后配置这些选项"单选按钮，然后单击"下一步"按钮，则完成 DHCP 服务器设置，如图 5-40 所示。

5. 保留特定的 IP 地址

保留特定的 IP 地址给特定的客户端使用，以便该客户端每次申请 IP 地址时都拥有相同的 IP 地址。例如，你负责管理、维护单位的网络，可以通过此功能逐一为用户设置固定的 IP 地址，即所谓的"IP-MAC"绑定，这样一方面可以避免用户随意更改 IP 地址，另一方面用户也无须设置自己的 IP 地址、网关地址、DNS 服务器等信息，这会给你的维护工作减少很多的工作量。保留特定的 IP 地址的设置步骤如下：

1）启动 DHCP 管理器，在 DHCP 管理器窗口的列表框中选择一个 IP 范围，右击选择"保留"→"新建保留"命令。

2）出现"新建保留"对话框，如图 5-41 所示。在"保留名称"文本框中输入用来标识 DHCP 客户端的名称，该名称只是一般的说明文字，并非用户账户的名称。例如，可以输入计算机名称，但并不一定需要输入客户端的真正计算机名称，因为该名称只在管理 DHCP 服务器中的数据时使用。

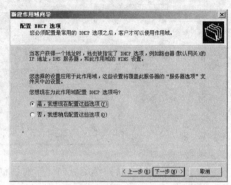

图 5-40 "配置 DHCP 选项"对话框

在"IP 地址"文本框中输入一个保留的 IP 地址，可以指定任何一个保留的、未使用的 IP 地址。如果输入重复或非保留地址，DHCP 管理器将发生警告信息。在"MAC 地址"文本框中输入上述 IP 地址要保留给的客户机的网卡号。在"说明"文本框中输入描述客户的说明文字，该项内容可选填。

网卡 MAC 物理地址是"固化在网卡里的编号"，是一个 12 位的 16 进制数。全世界所有的网卡都有自己的唯一标号，是不会重复的。在安装 Windows 2003 的计算机中，执行"开始"→"运行"命令，输入"CMD"进入命令窗口，输入"ipconfig/all"命令，可查看本机网络的属性信息，如图 5-42 所示。

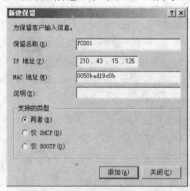

图 5-41 "新建保留"对话框

图 5-42 查看网络属性

3）单击"添加"按钮，将保留的 IP 地址添加到 DHCP 服务器的数据库中。可以按照以上操作继续添加保留地址，添加完所有保留地址后单击"关闭"按钮。

任务 3 网吧管理软件

➥ 任务描述

美萍网管大师及美萍计算机安全卫士是网吧常用软件，通过软件对客户端进行计费及管理等操作，实现对网吧网络中的计算机进行很好的管理。

➡ 任务分析

美萍网管大师主要在服务器上进行管理工作，美萍计算机安全卫士应用于客户端。在工作站上安装应用软件以满足客户的使用。本节主要讲述美萍网管大师的安装与使用，以及美萍计算机安全卫士中电子邮件的设置与使用。

➡ 方法与步骤

1. 美萍网管大师的安装

1）运行美萍网管大师软件，进入"授权协议"界面，单击"我同意"按钮，进行下一步操作，如图 5-43 所示。

2）进入"选择安装组件"界面，单击"下一步"按钮，如图 5-44 所示。

3）进入"选择安装位置"界面，单击"浏览"按钮，进行路径选择，然后单击"安装"按钮，如图 5-45 所示。

4）进入"正在安装"界面，等待安装完成后单击"关闭"按钮，如图 5-46 所示。

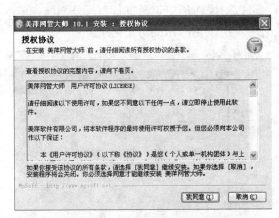
图 5-43　"授权协议"界面

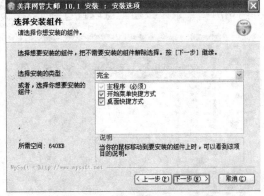
图 5-44　"选择安装组件"界面

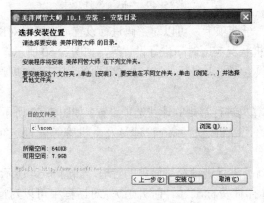
图 5-45　"选择安装位置"界面

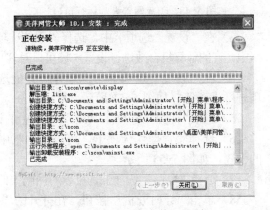
图 5-46　"正在安装"界面

5）安装完成的软件窗口如图 5-47 所示。

图 5-47　美萍网管大师软件窗口

2. 美萍网管大师的使用

1）单击"美萍网管大师"图标，进入软件运行窗口，如图 5-48 所示。

2）选择"系统设置"菜单中的"系统设置"菜单项，打开"美萍软件设置"对话框，如图 5-49 所示。在"记录"选项卡中，单击"收费详细统计"按钮，可以对收费历史记录进行查看及删除；单击"操作历史记录"按钮，可以对操作历史记录进行查看及删除；单击"网站历史记录"按钮，可以查看各个客户机上用户所浏览网站的历史记录。

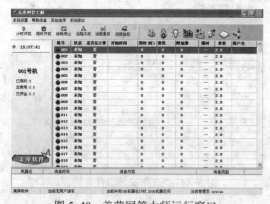

图 5-48　美萍网管大师运行窗口

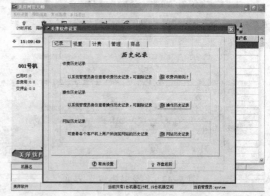

图 5-49　"记录"选项卡

3）在"设置"选项卡中，选择"系统选项"子选项卡，可以对密码进行设置，也可以对网络中允许的计算机台数进行设置，还可以对客户机状况响应时间进行设置等，如图 5-50 所示。

4）在"设置"选项卡中，选择"其他选项"子选项卡，可以对主界面的状态及常规选项进行设置等，如图 5-51 所示。

5）选择"计费"选项卡，可以对网吧中的计算机进行常规的计费选项设置，如图 5-52 所示。

6）选择"管理"选项卡，可以对网吧中的计算机进行系统管理员及上机牌等管理选项的设置，如图 5-53 所示。

7）选择"商品"选项卡，可以对网吧中的商品进行进销存等简单的管理，如图 5-54 所示。

8）单击"计时开机"按钮，在打开的"选择计费标准（计时开通）"对话框中可以对网吧中的计算机进行计费管理，如图 5-55 所示。

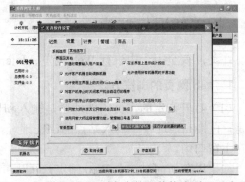

图 5-50 "设置"选项卡中的"系统选项"子选项卡　图 5-51 "设置"选项卡中的"其他选项"子选项卡

图 5-52 "计费"选项卡　　　　　　　　　图 5-53 "管理"选项卡

图 5-54 "商品"选项卡　　　　　　图 5-55 "选择计费标准（计时开通）"对话框

9）在计费管理窗口可以对网吧中的计算机进行计费管理，如图 5-56 所示。

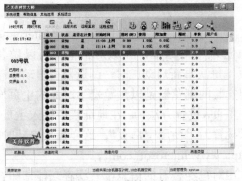

图 5-56 计费管理窗口

➴ 相关知识与技能

在美萍安全卫士中进行 Web 浏览、Internet 设置、电子邮件申请等操作。

1. Web 网页的浏览方法

（1）打开指定的主页 地址栏是输入和显示网页地址的地方。打开指定主页最简单的方法是，直接在地址栏中输入站点的URL地址，输入完地址后按<Enter>键，相应的网页就会出现在主窗口中。

如果以前访问过这个 Web 站点，可以在地址栏的下拉列表中选择，也可以在历史记录中选择近期访问过的网页。

（2）使用主页中的超级链接 单击网页上的任何超级链接就可以直接跳转到链接指定的网页或其他内容。超级链接可以是图片、动画或彩色文字，文字超级链接通常带下画线。

将鼠标指针移到某项上，可以查看它是否为链接。如果指针形状改为手形，表明这一项是超级链接，同时在状态栏显示当前超级链接的网址。在该超级链接上单击，可以自动打开另外的网页。

（3）工具栏常用按钮 Internet Explorer 8 的工具栏上有多个操作的按钮。使用这些按钮，可以比较快速、方便地浏览网页。

1）"后退"按钮和"前进"按钮。单击工具栏上的"后退"按钮，可以返回到此之前显示的网页，通常是最近的一页。

单击工具栏上的"前进"按钮，则转到下一页。如果在此之前没有使用"后退"按钮，则"前进"按钮将处于非激活状态，不能使用。

2）"停止"按钮。在加载网页时，如果要中止加载该网页，这时可以单击工具栏上的"停止"按钮。

3）"刷新"按钮。保存在本地硬盘上的网页，如果长时间没有到该 Web 站点上访问，其内容可能已经过时，单击"刷新"按钮，可以连接到 Internet，并下载最新内容。

4）"主页"按钮。主页是某 Web 站点的起始页，单击"主页"按钮将返回到默认的起始页。起始页是打开浏览器时开始浏览的那一页。

5）"搜索"按钮。单击"搜索"按钮，打开包括 Internet 搜索工具的那一页。

2. Internet 选项设置

Internet Explorer 8 还提供了一些设置命令，用以更改浏览器的外观、浏览器的起始页以及一些高级选项。

设置方法是：首先启动浏览器，选择"工具"→"Internet 选项"菜单命令，出现如图 5-57 所示的"Internet 选项"对话框，在该对话框中可以做各项设置。

（1）设置浏览器主页 每次重新启动IE时，浏览器会自动下载并显示一个页面，这个页面称为浏览器的主页。刚安装的浏览器是以浏览器生产商的主页作为默认主页的，用户可以根据自己的需要设置这一主页，设置方法为：在地址栏中输入主页的URL地址，然后单击"使用当前页"按钮。也可以设置为"使用空白页"，这样每次启动时就不显示主页。"使用默认页"为打开微软的主页http://www.microsoft.com。

（2）管理临时文件 IE对已经查看的信息都有缓存功能，即查看网页时，系统自动在用户硬盘上保存一个当前页的副本。保存的页面文件存放在"Windows"文件夹下的"Temporary Internet Files"文件夹中。"Temporary Internet Files"文件夹起着一个临时缓冲区的作用。用户可以根据自己的需要对其进行设置。

在"Internet 选项"对话框中的"Internet 临时文件"选项组是用来对 Internet 临时文件进行管理的,利用"删除文件"按钮,可以删除缓冲区中所有的文件。单击"设置"按钮,出现如图 5-58 所示的"设置"对话框。

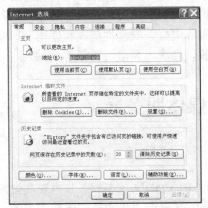

图 5-57 "Internet 选项"对话框

图 5-58 "设置"对话框

在"设置"对话框中,可以进行如下设置:根据需求设置检查所存网页的更新版本;在"Internet 临时文件夹"选项组中,如果要增大空间来暂存存储页,可将滑块向右移动;如果要改变临时文件的存储路径,可单击"移动文件夹"按钮;如果要显示临时文件夹中的文件,可单击"查看文件"按钮;如果要显示临时文件中的对象,可单击"查看对象"按钮。

(3)字体、颜色、语言设置　在"设置"对话框中,可以设置浏览网页时的字体、颜色、语言等,分别单击"字体"、"颜色"、"语言"等按钮,进入相应的对话框进行设置即可。

(4)历史记录参数设置　在"历史记录"选项组中可以更改网页保存的天数,默认为20天。单击"清除历史记录"按钮,则删除所有的历史记录。

3.电子邮件(E-mail)

电子邮件(E-mail)可以让用户通过计算机网络发送和接收信息,是 Internet 服务的重要组成部分。随着 Internet 技术日新月异的发展,电子邮件以其方便、快速、廉价和可靠的特点赢得了人们的喜爱。目前,电子邮件已成为商业和学术等领域最为流行的一种现代化通信方式。

使用电子邮件服务的前提是要有自己的电子邮箱及一个属于自己的电子邮件地址(E-mail Address)。电子邮箱是提供邮件服务的机构为用户建立的,实质上是该机构在与 Internet 联网的计算机(通常是邮件服务器)上为用户分配一定大小的磁盘空间来存放邮件,如网易网站提供了 3GB 的空间,并由此确定邮件地址。用户可以通过这台邮件服务器给其他用户发送邮件,也可以接收邮件。

4.免费邮箱的申请

(1)用户邮箱和邮件地址　用户在邮件服务器上拥有存放邮件的空间,称为用户电子邮箱。用户电子邮箱是设在邮件服务器主机上的一个子目录。用户电子邮箱的地址称为E-mail

地址，其一般格式如下：

用户标示 ID@主机域名

其中，用户标示 ID 是用户为邮箱命名的账户名称，在邮件服务器中必须是唯一的；主机域名即是邮件服务器的域名，在 Internet 上也是唯一的；中间的@读做英文的 at。例如，abc@163.com 表示在网易上注册用户标示为 abc 的 E-mail 地址。

（2）邮箱申请　一般来讲，现在的电子邮箱有两种：一种是收费的VIP类，另一种是免费的。无论是收费的电子邮箱还是免费的电子邮箱，其一般使用和设置都是一样的，只不过收费的电子邮箱要比免费的电子邮箱功能更多、服务更好、安全性更高和使用空间更大。

很多门户网站都提供邮箱服务，如网易、搜狐、雅虎、新浪、腾讯等网站。

任务 4　架设流媒体服务器

➥ 任务描述

美萍 VOD 点播系统是一套功能强大、使用简单的 VOD 点播系统，其内置高效服务器引擎，采用多线程、多并发流处理技术，客户端支持 Web 界面点播或者应用程序界面点播两种界面。

➥ 任务分析

支持目前所有流行的媒体格式，是网吧、学校机房、图书馆等场所理想的视频点播及音频点播系统。本节主要讲述美萍 VOD 点播系统软件的安装与使用方法。

➥ 方法与步骤

美萍 VOD 点播系统软件的安装步骤如下：

1）运行美萍 VOD 点播系统软件，双击软件图标（mpvodinst.exe），如图 5-59 所示。

图 5-59　美萍 VOD 点播系统软件图标

2）进入软件安装向导的欢迎界面，根据安装向导一步一步地进行软件的安装，如图 5-60 所示。单击"下一步"按钮。

3）进入"许可证协议"界面，单击"我同意"按钮，如图 5-61 所示。

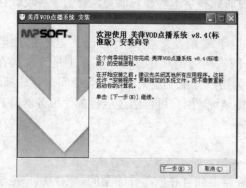

图 5-60　欢迎界面

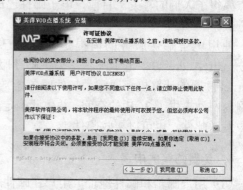

图 5-61　"许可证协议"界面

4）进入"选定组件"界面，单击"下一步"按钮，如图 5-62 所示。

5）进入"选定安装位置"界面，单击"浏览"按钮进行目标文件夹的选定，单击"安装"按钮，如图 5-63 所示。

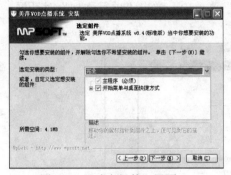
图 5-62 "选定组件"界面

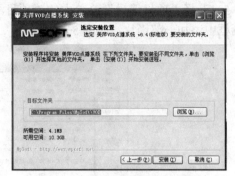
图 5-63 "选定安装位置"界面

6）进入"正在安装"界面，需等待一段时间才能安装完成，如图 5-64 所示。

7）单击"完成"按钮，完成美萍 VOD 点播系统的安装，如图 5-65 所示。

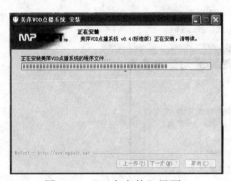
图 5-64 "正在安装"界面

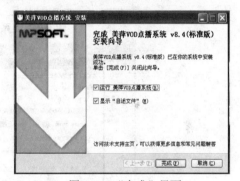
图 5-65 "完成"界面

相关知识与技能

美萍 VOD 点播系统软件的使用方法如下：

1）双击"美萍 VOD 点播系统"图标，进入软件的运行界面，如图 5-66 所示。

2）选择"系统设置"菜单中的"系统设置"命令，如图 5-67 所示。

图 5-66 运行界面

图 5-67 "系统设置"菜单

3）弹出"系统设置"对话框，如图 5-68 所示。

4）在"系统设置"对话框中选择"客户机设置"选项卡，再选择"客户端使用 Web 界面即网页内嵌播放器播放"复选框，如图 5-69 所示。

5）选择"项目编辑"菜单中的"项目添加"菜单项，弹出"项目添加"对话框，在该对话框中添加一部影片，如图 5-70 所示。

图 5-68 "系统设置"对话框

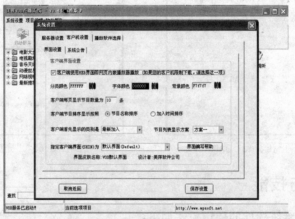

图 5-69 "客户机设置"选项卡

图 5-70 "项目添加"对话框

项目实训：无盘工作站杀毒软件和防火墙的安装

项目环境：Ghost 系统盘；Windows Server 2003 系统；防病毒软件；防火墙软件。

项目要求：

1）下载和安装最新的操作系统补丁。

2）利用 Ghost 备份系统，并尝试使用 Windows 自带的工具备份系统。

3）安装一个防病毒软件。

4）安装一个防火墙软件。

5）利用 Ghost 备份文件恢复系统，恢复时要注意分区不能选错。在恢复系统之前要进行数据备份，并尝试使用 Windows 自带的工具恢复系统。使用 Windows 自带的工具备份/恢复系统的方法是：选择"系统工具"中的"备份"命令，在向导的引导下完成。

项目评价：

项目实训评价表

内　容			评　价		
学 习 目 标	评 价 项 目		优	合格	不合格
职业能力	熟练安装计算机防病毒软件和网络防火墙	熟练安装计算机防病毒软件			
		熟练安装网络防火墙			
	熟练使用计算机防病毒软件和网络防火墙	熟练使用计算机防病毒软件			
		熟练使用网络防火墙			
	解决问题能力				

主要步骤：	优
	合格
综合评价	不合格
指导教师： 　　　　年　月　日	

第 6 章　组建中型企业网络

作为企业网络,在满足必需的连通基础之上,还需要满足可靠性、可扩展性与可管理性。中型企业网络由于节点数目比较多,每台主机所产生的广播流量汇集在一起,就会影响整个网络的可靠性,采取必要措施控制广播流量的影响范围,是企业网络可靠性的基本保证。规划设计企业网络时,需要考虑网络的可扩展性,如节点数目增多、互联网协议升级等。可管理性也是企业网络必要特性,管理员可以制定网络规则,屏蔽掉一些不必要又可能带有风险的功能,最大限度地确保网络安全。

能力目标

- 掌握网络整体规划原则。
- 掌握 VLAN 划分与 VLAN 间访问方法。
- 掌握 IP 地址规划方法。
- 熟练利用网路岗网络管理软件进行网络管理。
- 掌握企业网实现 Internet 访问方法。
- 掌握硬件防火墙配置。

任务 1　功能描述与硬件假设

↘ 任务描述

某软件公司进入高新开发区科技产业园,该公司需要组建一个办公网络。公司有 5 个部门:市场部、开发部、售后部、后勤部和财务部,经理统管 5 个部门;共 120 名员工,其中市场部、开发部、售后部、后勤部各有 25 名员工,财务部有 15 名员工,每名员工都有自己的工作计算机。每个部门主管可以对本部门员工广播消息,但不能影响到其他部门;各部门之间可以实现点对点通信。公司从电信公司申请一条 10Mbit/s 固定 IP 的宽带,电信公司分配给公司的 IP 地址是“138.1.60.200”,子网掩码是“255.255.255.0”,默认网关是“138.1.60.1”,DNS 服务器是“202.99.160.68”,要求所有员工都可以通过这条宽带访问 Internet。公司要求:在工作时间禁止炒股,除经理与售后部以外,其他部门禁止使用 QQ 聊天;对员工上网行为进行监控,并且有日志记录;为每名员工分配固定的 IP 地址,禁止随意更改,避免 IP 地址冲突;保证网络安全,防止黑客入侵等行为发生。为了确保对外宣传效果,该公司还要建立网站,并且能够被外部网络访问。

↘ 任务分析

中型企业网络规模节点数目通常在 100～200 之间,本任务中公司有 120 名员工,每个员工都拥有自己的工作计算机,意味着节点数目为 120。这么多的节点数目需要通过交换机连接在一起，会产生很多有意或无意的广播流量。广播流量会占据带宽，严重时可能导致整个网络无法正常运行。交换机端口本身无法隔离广播流量，想要将广播流量影响范围减小，需要选取支持 VLAN 功能的交换机。VLAN 是可以隔离广播流量的，广播仅能在 VLAN 内部，不能够在不同 VLAN 间传播，所以 VLAN 可以避免由于广播流量过大而影响网络正常运行。划分 VLAN 是每个大中型网络首要考虑的问题，完成 VLAN 划分之后，再考虑公司的具体要求。

VLAN 不仅能够隔离不同 VLAN 间的广播流量，也会屏蔽掉不同 VLAN 间的正常通信。本任务描述中要求"每个部门主管可以对本部门员工广播消息，但不能影响到其他部门；各部门之间可以实现点对点通信"。将每个部门的计算机划归到相同的 VLAN 中，即可实现"每个部门主管可以对本部门员工广播消息，但不能影响到其他部门"，但是不同 VLAN 间会屏蔽掉正常的点对点通信，导致不同部门间无法通信。为了实现不同部门间点对点通信，需要借助路由功能。目前，通常采用带有路由功能的三层交换机实现 VLAN 划分与不同 VLAN 间的正常通信。

公司租用一条宽带，要求所有员工都可以通过这条宽带访问 Internet，需要利用 NAT。路由器或防火墙都可以提供这个功能。防火墙是保证网络安全的专业设备，既可以保护网络安全，又可以实现 NAT 共享上网。由于本案例中还要求"保证网络安全，防止黑客入侵等行为发生"，因此选择防火墙。

网络监控与管理也是企业网络中不可或缺的组成部分。此案例中要求"工作时间禁止炒股，除经理与售后部以外其他部门禁止使用 QQ 聊天"，这需要制定相应的规章制度，但仅仅有制度是不够的，如何进行有效的监控，是保证制度执行的关键。因此，需要有计算机作为网络监控管理服务器，来管理整个网络的上网行为。

按照以上的任务分析，本案例需采购防火墙、三层交换机、桌面交换机等网络设备，网络硬件拓扑结构如图 6-1 所示。

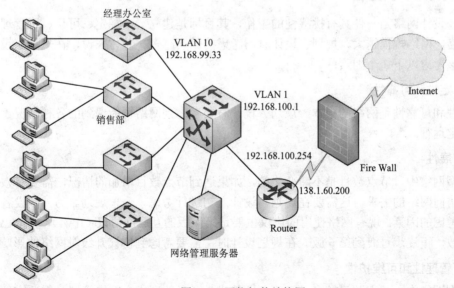

图 6-1 网络拓扑结构图

方法与步骤

网络规划是一项复杂的任务，但仍然是有迹可循的。中型企业网络节点数目较多，需要考虑的因素有以下几点：

1．节点数目

网络中节点数目的多少直接决定需要的接入设备数量。网络应该提供冗余，即可提供的接口数量应大于实际需求数量，以便后续升级以及满足新增节点访问网络的需求。

2．设备数目

网络设备包括交换机、路由器、防火墙等。交换机是直接与计算机连接的设备，每台交换机提供的接口数目为 24 或 48，因此，应考虑楼层、房间数、房间内节点数等实际环境，以决定采购适合型号的交换机。路由器与防火墙在网络中各司其职才能发挥最大性能，但二者在功能上有重叠部分，中小企业可以根据实际购买能力决定需要最佳性能还是最佳性价比。

3．VLAN 与 IP 地址划分

大中型网络中节点数目多，广播流量就不容忽视，合理地划分 VLAN 与 IP 地址，就成为了规划网络中重要的逻辑业务。VLAN 数目过多，会导致设备压力大，管理复杂；VLAN 数目过少，起不到隔离广播流量的效果。因此，根据网络内计算机主要应用中产生广播流量的实际情况进行 VLAN 划分，制定出合理的方案，是网络规划中的重点之一。

4．网络管理

网络管理是中型企业网络必须具备的能力。制定合理的规则，按照规则进行有效的网络管理，是保证网络正常运行的有效手段。如果没有网络管理，网络内计算机任意访问网络，抢占网络带宽等行为会造成整个网络瘫痪。

➦ 相关知识与技能

规划、设计网络是一件具有挑战性的工作，其目标是建立一个稳定、可靠、可管理、可扩展的网络。网络规模越大，规划、设计时需考虑的因素越多。总体来说，在规划、设计网络时，应该考虑以下 3 个因素：

1．稳定性和可靠性

稳定性和可靠性是网络的根本。规划、设计时要考虑到网络可能遇到的各种情况，保证网络的稳定运行。

2．扩展性

大中型网络中，节点数目是不断变化的，如果遇到节点数目增加的情况，需要有效解决新增节点访问网络的需求，这需要在规划、设计之初进行考虑，合理规划。另外，设备升级也是需要考虑的因素。现有网络使用的协议主要是第 4 版的互联网协议（IPv4），目前已经被应用到极致，正逐步过渡到第 6 版。在规划设计时，需要考虑到协议升级对网络的影响。

3．可管理性和可维护性

大中型网络中，节点数目较多，可管理性就成为了必然要求。网络管理员需要方便地管理网络，使其正常运行，防止非法访问网络资源，确保网络安全等。大中型网络还需要具有良好的可维护性，网络一旦遇到突发情况时，能够及时、迅速地予以解决。

大中型网络规划、设计时，可以参考 3 层模型的方式：核心层、汇聚层和接入层。核心层负责骨干网络数据传输，尽可能不要在核心层应用控制功能。汇聚层负责连接核心层与接

入层，将分散的接入层汇聚在一起，仍然主要负责该区域内的数据传输，尽可能不要进行控制。接入层在网络中是应用最广泛的，直接与计算机等设备进行连接，要求能够有良好的可管理性和维护性。

任务 2 网络整体规划与设计

➤ 任务描述

本任务解决组建基本办公网络的需求。

➤ 任务分析

1）公司共有 5 个部门，经理统管这 5 个部门，每个部门主管可以对本部门员工广播消息，但不能影响到其他部门。根据需求，可以划分出 6 个 VLAN，每个部门对应 1 个 VLAN，经理自己 1 个 VLAN。部门主管对本部门广播时，消息只会在本 VLAN 中传播，不会影响到其他 VLAN 中的员工。

2）各部门之间可以实现点对点通信，这需要实现 VLAN 间通信。实现 VLAN 间通信需要路由帮助有两种方法：一种是采用二层交换机划分 VLAN，路由器做单臂路由的方式；另一种是采用三层交换机。前一种单臂路由方法将所有不同的 VLAN 通信流量都通过一根网线传输至路由器，致使大流量工作时效率低，目前已经逐渐被三层交换机工作方式取代。三层交换机工作方式只需为每个 VLAN 设置管理地址，即可实现不同的 VLAN 间通信，管理成本低，效率高，是目前主流的 VLAN 管理方式。

3）公司为每名员工分配固定的 IP 地址，禁止随意更改，避免 IP 地址冲突。员工可能因重装系统等原因而忘记原有的 IP 地址，如果任由员工随意设置 IP 地址，可能会导致 IP 地址冲突，影响他人对网络的正常访问。因公司人员数目相对稳定，而且公司内网 IP 地址数目足够计算机使用，因此进行静态 IP 地址分配是有效的管理手段。为了避免员工随意修改 IP 地址，可以在交换机上做端口绑定，即将分配给员工的 IP 地址与员工计算机的 MAC 地址进行绑定，并且将这样的地址组合存储在交换机的非易失性存储器中。交换机接收到数据帧时，会检测数据帧所携带的信息，只有与交换机内存中记录的地址组合信息匹配时，才会予以转发；否则丢弃该数据帧。对于员工来说，只有将 IP 地址设置为分配给自己的，才能正常使用网络；否则将不能享受一切网络服务。这就从技术手段上确保了员工不会随意修改 IP 地址。

4）IP 地址规划。在网络中没有 VLAN 存在的情况下，将公司中所有计算机的 IP 地址设置为同一子网即可；在存在 VLAN 时，不同 VLAN 的计算机需要借助于路由器才能互相访问，这意味着不同部门的员工计算机 IP 地址需要在不同的子网中。处于不同子网中的计算机需要设置"默认网关"参数才能通信，参数值即为计算机处于三层交换机 VLAN 的管理 IP 地址。

➤ 方法与步骤

1. 在三层交换机上划分 VLAN

以神州数码交换机 DCRS-5650 为例，划分 6 个 VLAN，VLAN 号分别为 10、20、30、

40、50、60，配置过程如下：

```
DCRS-5650-28>
DCRS-5650-28>enable
DCRS-5650-28#conf
DCRS-5650-28(config)#vlan 10          //定义 VLAN 10
DCRS-5650-28(Config-Vlan10)#exit
DCRS-5650-28(config)#vlan 20          //定义 VLAN 20
DCRS-5650-28(Config-Vlan20)#exit
DCRS-5650-28(config)#vlan 30          //定义 VLAN 30
DCRS-5650-28(Config-Vlan30)#exit
DCRS-5650-28(config)#vlan 40          //定义 VLAN 40
DCRS-5650-28(Config-Vlan40)#exit
DCRS-5650-28(config)#vlan 50          //定义 VLAN 50
DCRS-5650-28(Config-Vlan50)#exit
DCRS-5650-28(config)#vlan 60          //定义 VLAN 60
DCRS-5650-28(Config-Vlan60)#exit
DCRS-5650-28(config)#
```

2．将物理端口划入到 VLAN 中

每个交换机出厂后都有 1 个默认 VLAN：VLAN 1。VLAN 1 与防火墙或路由器连接，用于访问外部网络，这将在后续任务中介绍。目前交换机被人为地划分为 6 个 VLAN，将 VLAN 10 作为经理使用的 VLAN，售后部划分到 VLAN 20，其他部分依次划分到 VLAN 30、VLAN 40、VLAN 50、VLAN 60 中。每个部门交换机与三层交换机的一个物理端口连接，为每个 VLAN 分配 3 个物理端口，以备不时之需。将物理端口 1～3 分配到 VLAN 10 中，4～6 分配到 VLAN 20 中，以此类推直到将物理端口 16～18 分配到 VLAN 60 中，剩余端口都默认工作在 VLAN 1 中。

```
DCRS-5650-28(config)#interface e0/0/1-3          //物理端口 1～3
DCRS-5650-28(Config-If-Port-Range)#switchport access vlan 10          //加入 VLAN 10
Set the port Ethernet0/0/1 access vlan 10 successfully
Set the port Ethernet0/0/2 access vlan 10 successfully
Set the port Ethernet0/0/3 access vlan 10 successfully
DCRS-5650-28(Config-If-Port-Range)#exit
DCRS-5650-28(config)#interface e0/0/4-6
DCRS-5650-28(Config-If-Port-Range)#switchport access vlan 20
Set the port Ethernet0/0/4 access vlan 20 successfully
Set the port Ethernet0/0/5 access vlan 20 successfully
Set the port Ethernet0/0/6 access vlan 20 successfully
DCRS-5650-28(Config-If-Port-Range)#exit
……
DCRS-5650-28(Config-If-Port-Range)#switchport access vlan 60
```

Set the port Ethernet0/0/16 access vlan 60 successfully

Set the port Ethernet0/0/17 access vlan 60 successfully

Set the port Ethernet0/0/18 access vlan 60 successfully

DCRS-5650-28(Config-If-Port-Range)#

按上述过程配置之后，已经可以实现部门主管发广播消息而不会影响到其他部门的功能了。目前只有部门内部可以通信，部门之间不能通信。接下来配置每个 VLAN 管理 IP 地址。

3．配置 VLAN 管理 IP 地址

DCRS-5650-28#

DCRS-5650-28#conf

DCRS-5650-28(config)#interface vlan 1

DCRS-5650-28(Config-if-Vlan1)#ip address 192.168.100.1 255.255.255.0

DCRS-5650-28(Config-if-Vlan1)#no shutdown

DCRS-5650-28(Config-if-Vlan1)#exit

//VLAN 1 配置

DCRS-5650-28(config)#interface vlan 10

DCRS-5650-28(Config-if-Vlan10)#%Jan 01 00:21:51 2006 %LINK-5-CHANGED: Interface Vlan10, changed state to UP

DCRS-5650-28(Config-if-Vlan10)#ip address 192.168.99.33 255.255.255.224

DCRS-5650-28(Config-if-Vlan10)#exit

//VLAN 10 配置

DCRS-5650-28(config)#interface vlan 20

DCRS-5650-28(Config-if-Vlan20)#%Jan 01 00:22:45 2006 %LINK-5-CHANGED: Interface Vlan20, changed state to UP

DCRS-5650-28(Config-if-Vlan20)#ip address 192.168.99.65 255.255.255.224

DCRS-5650-28(Config-if-Vlan20)#exit

......

DCRS-5650-28(config)#interface vlan 60

DCRS-5650-28(Config-if-Vlan60)#%Jan 01 00:23:21 2006 %LINK-5-CHANGED: Interface Vlan60, changed state to UP

DCRS-5650-28(Config-if-Vlan60)#ip address 192.168.99.193 255.255.255.224

DCRS-5650-28(Config-if-Vlan60)#

将 VLAN 1 管理 IP 地址设置为"192.168.100.1"，子网掩码采取默认值。经理与员工使用"192.168.99.0"网络，还需将该网络划分子网。目前公司共有 6 个部门，可以划分 8 个子网，每个子网可以提供的 IP 地址数目是 30，大于目前各部门拥有的计算机数目，满足公司需求。将一个网络划分为若干子网，就是将一个大网络分为 2^n 个小网络的过程，划分后网络数目变多，每个网络中可以提供的 IP 地址减少，其方法是借用 IP 地址表示主机的部分用来表示网络。"192.168.99.0"这个网络默认的子网掩码是"255.255.255.0"。

"0"这一部分是用于表示主机的,其二进制表示是"00000000",借用其左边高位 3 个 "0"变为"1",即可将一个网络划分为 2^3 个子网,子网掩码变为"255.255.255.224"。

4. 设置员工计算机的网络参数

需要将员工计算机的网络参数设置为管理员分配的 IP 地址。下面以售后部某员工计算机为例进行说明。售后部被划分到 VLAN 20 中,VLAN 20 对应的管理 IP 是 "192.168.99.65",此地址就是计算机的"默认网关"地址。该子网对应的可用 IP 地址范围是 192.168.99.66~192.168.99.94,子网掩码是"255.255.255.224",将"192.168.99.66"分配给该员工,则该员工计算机的网络参数设置结果如图 6-2 所示。

网络参数设置完毕后,不同部门间的员工就可以互相通信了。DNS 参数用于访问 Internet,此时并没有实现所有员工都可以访问外部 Internet,所以 DNS 参数并没有实质服务。

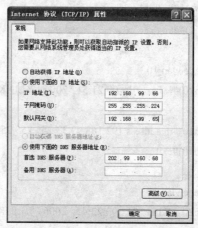

图 6-2 员工计算机网络参数设置

5. 将 IP 地址绑定

利用交换机实现 IP 地址绑定,管理员只需要在网络建设初期手工录入一次,日后的管理维护工作量很小。录入之前,管理员需要知道每个员工计算机的 MAC 地址,并且将 MAC 地址与 IP 地址制作成表格,方便录入时查看,不至于混乱。以刚才那名售后部员工为例,假定其 MAC 地址为"00-1E-25-38-96-B2",将 IP 地址与 MAC 地址绑定的过程如下:

```
DCRS-5650-28>en
DCRS-5650-28#conf
DCRS-5650-28(config)#mac-ip-access-list extended shouhou        //命名控制列表,名为 shouhou
DCRS-5650-28(Config-MacIp-Ext-Nacl-shouhou)#permit host-source-mac 00-1e-25-38-96-b2 any-destination-mac ip
host-source 192.168.99.66 any-destination
//地址绑定过程
```

这种方法是应用 MAC-IP 访问控制列表的方法实现 IP 地址与 MAC 地址的绑定。一个访问控制列表可以有多条相应语句。本例中,将访问控制列表名设置为"shouhou",即"售后"之意。如需为其他售后部员工计算机进行绑定,假定另一位员工计算机 MAC 地址为 "00-1e-25-38-96-b3",IP 地址为"192.168.99.67",绑定过程接刚才代码部分继续:

```
DCRS-5650-28(Config-MacIp-Ext-Nacl-shouhou)#permit host-source-mac 00-1e-25-38-96-b3 any-destination-mac ip
host-source 192.168.99.67 any-destination

DCRS-5650-28(Config-MacIp-Ext-Nacl-shouhou)#deny any any ip any any
```

按照上面代码，将售后部员工计算机 MAC 地址与 IP 地址一次绑定，绑定完成之后，只是在交换机内部定义了访问控制列表，还需要在对应接口上应用才生效。在神州数码 5650 交换机上，将访问控制列表作为防火墙技术来应用，所以首先开启防火墙，然后在交换机物理端口应用访问控制列表即可，命令如下：

```
DCRS-5650-28(config)#firewall enable      //开启防火墙

DCRS-5650-28(config)#int e0/0/1

DCRS-5650-28(Config-If-Ethernet0/0/1)#mac-ip access-group shouhou in
```

//将访问控制列表应用在物理端口 1，控制方向为进入

```
DCRS-5650-28(Config-If-Ethernet0/0/1)#
```

至此，完成了售后部员工计算机 MAC 地址与 IP 地址的绑定工作，如果售后部员工随意修改 IP 地址，将不能得到网络服务，也就不会影响其他员工正常访问网络了。

➤ 相关知识与技能

1．VLAN

VLAN（Virtual Local Area Network，虚拟局域网）是 IEEE 802 工作组于 1999 年颁布的技术标准，其目的在于限制广播域影响范围，将原有一个整体广播域划分成多个子广播域。广播域数目增加，每个广播域内节点数目减少，将广播流量对整个网络的影响降低，有效抑制广播风暴的出现。VLAN 同时提供了安全性，可以将不同需求的网络按逻辑需求隔离，只需在交换机上进行简单设置，无需重新布线，无需增添设备，有效降低网络管理和维护的成本。

VLAN 操作分为两个步骤，第一步是在交换机上定义新的 VLAN，一般用编号来表示，被称为 VLAN ID。编号范围从 1～4096，定义时可以连续取值，也可以任意取值。需要注意的是，编号 1 一般情况下已被占用，交换机默认出厂时即已经占用 VLAN 1 编号。在没有人为定义 VLAN 时，计算机间其实是在 VLAN 1 中通信。第二步是将交换机物理端口加入到 VLAN 中。一个 VLAN 中可以拥有一个或多个物理端口，这些物理端口可以连续编号，也可以不连续编号，方便灵活。但通常情况下，一个物理端口只能属于一个 VLAN，当一个物理端口加入到另一个 VLAN 时，自动从当前 VLAN 退出。

2．VLAN 间通信

当网络中节点数目较多时，为了降低广播流量影响范围，必须划分 VLAN，而有时又需要所有计算机可以互相通信。校园网是典型的应用环境，校园内有万人规模的上网需求，必须使用 VLAN 限制广播流量；而整个校园又有互联互通的需求，这要求必须解决不同 VLAN 间的通信。

VLAN 被称为虚拟局域网，也就是虚拟的多个不同网络。不同网络之间通信需要借助于路由器，VLAN 间通信也是如此。将每个 VLAN 都看成真实的物理网络，多个不同的 VLAN 就是多个物理网络，这些网络间通信时，需要将路由器接口 IP 地址作为网关，由路由器对不同网络数据包进行转发。网络结构如图 6-3 所示，所有不同的 VLAN 间通信，

都需要借助于路由器。由于路由器物理接口较少，不能与多个 VLAN 一一对应，故而采取将一个物理接口虚拟划分成多个逻辑子接口，用一条线路与交换机连接，这被形象地称为"单臂路由"。交换机与路由器连接的物理端口需要承载交换机上所有 VLAN 流量，意味着该端口不能仅属于某一个 VLAN，它要允许所有 VLAN 流量通过，需要将该端口工作模式设置为中继模式（Trunk），这是传统 VLAN 间通信解决方案，目前已逐渐被三层交换机所取代。三层交换机是将图 6-3 所示的路由器与交换机相结合，在交换机上加入路由功能，无需采用"单臂"形式，处理速率更快，效率更高，组网结构更加简单，已逐渐取代单臂路由方式。

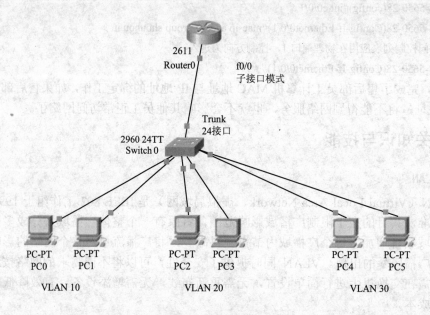

图 6-3　单臂路由拓扑图

　　三层交换机解决不同 VLAN 间通信时，只需要为各个 VLAN 设置 IP 地址，该 IP 地址即网络的网关。在交换机开启远程访问功能后，用户可以通过该 IP 地址登录交换机，所以该IP 地址也被称为"管理 IP"。三层交换机配置简单，前文已经给出具体示例，此处不再赘述。单臂路由方式有两点需要注意：一是交换机配置时，需将与路由器连接的物理端口设置为Trunk 模式；二是路由器子接口需封装 802.1q 协议。在此仅给出 Cisco 2960 交换机与 2811路由器配置示例，详细内容请读者参阅有关资料。

　　路由器配置如下：

Router>enable

Router#configure terminal

Enter configuration commands, one per line.　　End with CNTL/Z.

Router(config)#interface fastEthernet 0/0

Router(config-if)#no shutdown　　　　　　　　//开启物理接口

Router(config-if)#exit

Router(config)#interface fastEthernet 0/0.1　　//进入子接口 0/0.1

%LINK-5-CHANGED: Interface FastEthernet0/0.1, changed state to up

%LINEPROTO-5-UPDOWN: Line protocol on Interface FastEthernet0/0.1, changed state to upRouter(config-subif)#

Router(config-subif)#encapsulation dot1Q 10　　//封装 802.1q 协议　对 VLAN 10

Router(config-subif)#ip address 192.168.99.66 255.255.255.224　　//VLAN 10 网关地址

交换机配置如下：

Switch>enable

Switch#configure terminal

Switch>enable

Switch#configure terminal

Switch(config-vlan)#exit

Switch(config)#vlan 20

Switch(config-vlan)#exit

Switch(config)#vlan 30

Switch(config-vlan)#exit

Switch(config)#interface range fastEthernet 0/1-3

Switch(config-if-range)#switchport access vlan 10

Switch(config)#interface range fastEthernet 0/4-6

Switch(config-if-range)#switchport access vlan 20

Switch(config)#interface range fastEthernet 0/7-9

Switch(config-if-range)#switchport access vlan 30

Switch(config)#interface fastEthernet 0/24

Switch(config-if)#switchport mode trunk　　　　//设置为 Trunk 模式

Switch(config-if)#switchport trunk allowed vlan all　　　//允许所有 VLAN 流量通过

3．端口绑定

端口绑定是为了防止用户随意更改 IP 地址，造成 IP 地址冲突而被应用的，一般用于需要分配固定 IP 地址进行管理的场合。例如，学校机房、网吧、办公室等。三层交换机使用 MAC-IP 访问控制列表来实现地址绑定功能。MAC-IP 访问控制列表可以灵活进行控制，可以读取数据包的源 MAC 地址、目的 MAC 地址、源 IP 地址、目的 IP 地址，或依赖于 TCP/IP 协议集更精确地控制，如源端口、目的端口等。本任务示例中仅进行源 MAC 与源 IP 地址的绑定，目的地址设置为任意 "any-destination"。如需更加精确控制，例如仅可以访问网站信息，则可以控制只开放 "80" 端口。

本任务硬件方案仅需要一台三层交换机，部门交换机采用不可管理的桌面交换机，这是因为公司规模不是很大，从节省成本角度出发建议的。当网络节点数目较多时，一般是将数据转发与访问控制相分离。数据转发作为主体功能，被称为核心层。有时会将核心层细分为核心层与汇聚层。此时将访问控制功能应用在作为主交换的三层交换机上就不是很适合了。网络规模较大时，作为主交换的三层交换机一般只负责数据转发，不再负责其他访问控制功能，目的是减轻主交换压力，减少转发延迟。将访问控制等功能应用在部门交换机上，一般被称为接入层。接入层交换机一般选择可管理的二层交换机即可，价格是不可管理桌面交换机的 5～6 倍，但远低于三层交换机。

二层交换机通常不能实现精确的 MAC-IP 访问控制功能，不能进行依靠端口判断的指定业务访问控制，但基本的 MAC-IP 绑定是可以实现的。神州数码二层交换机 3950 采用 AM 功能实现 MAC 地址与 IP 地址绑定。AM（Access Management）是访问管理的意思，端口接收到数据包时，仅根据数据包的 2 个参数进行比对，即源 MAC 地址与源 IP 地址。只有两者与交换机中的记录信息完全匹配时，才将数据包予以转发，否则丢弃数据包。下面对 AM 功能配置进行简单介绍。

```
DCS-3950-26C#
DCS-3950-26C#enable
DCS-3950-26C#config
DCS-3950-26C(config)#am enable     //AM 功能开启
DCS-3950-26C(config)#interface ethernet 0/0/1
DCS-3950-26C(config-if-ethernet0/0/1)#am port
//将指定物理端口设置为 AM 端口 （不同交换机默认设置不同，请参阅手册）
DCS-3950-26C(config-if-ethernet0/0/1)#am mac-ip-pool 00-1e-25-38-96-b2 192.168.99.66
//地址绑定，MAC 与 IP 均为源地址
DCS-3950-26C(config-if-ethernet0/0/1)#am mac-ip-pool 00-1e-25-38-96-b3 192.168.99.67
DCS-3950-26C(config-if-ethernet0/0/1)#

//查看配置情况
DCS-3950-26C#show am
AM is enabled

Interface Ethernet0/0/1
    am port
    am mac-ip-pool    00-1e-25-38-96-b2 192.168.99.66
    am mac-ip-pool    00-1e-25-38-96-b3 192.168.99.67
```

任务 3　网络软件安装

➥ 任务描述

公司禁止员工在上班时间炒股，禁止除经理与售后部以外的人员工作时间 QQ 聊天，要求对员工上网行为进行记录。

➥ 任务分析

规范上网行为，这在不同场合有不同的需求。公司禁止炒股、聊天，学校禁止上课时间进行教学以外的活动。这些既需要规章制度保障，又需要有相应的监管方法。单纯依靠人为管理，肯定会存在很大难度，管理人员很难不间断地、全方位地进行人为监管，计算

机的问题由计算机来解决是一种有效的管理途径。依靠专业网络管理软件来实现对网络监控与管理，并且记录上网行为日志是目前通行的做法。网络管理软件可以由网络管理员按照要求，定制相应的规则，然后由软件来进行不间断地、全方位地监控管理，对违反规则行为进行警告，甚至断网。

在交换机组网形成的网络中，需要对交换机设置端口镜像。监控上网行为的计算机服务器，需要安装双网卡，一块网卡专用于监控，另一块网卡专用于正常网络通信。前面任务中划分了若干 VLAN，为了实现完全网络监控，需要网络管理软件支持跨 VLAN 监控。网路岗网络管理软件可以支持多 VLAN 间监控，除此之外还具有以下特点：

- 邮件监视/控制。
- 聊天监视/控制。
- 下载控制。
- 网站监视/控制。
- 传输文件监视/控制。
- 监控屏幕/系统信息/进程等。
- 上网流量/带宽监控管理。
- 其他协议的监控。
- 报表统计功能。

本节以网路岗网络管理软件第 8 版为例，介绍处于多 VLAN 环境下的交换机端口镜像设置、网络管理软件安装与初始配置的方法。

➨ 方法与步骤

1. 设置交换机端口镜像

假定交换机与防火墙连接的物理端口是 24 口，与监管服务器双网卡连接的物理端口分别是 21 口和 22 口，其中 21 口用于监管服务器正常通信，22 口用于监控网络信息。须将上述 3 个端口都划入 VLAN 1 中（默认设置）。不同的 VLAN 不能使用端口镜像，但是所有连接外网的通信流量都会路由后流经 24 口，所以监控 24 口即可实现监控整个网络。设置过程很简单，首先指定被监控的源端口，然后指定监控计算机所连接的目的端口即可。核心代码如下：

```
DCRS-5650-28(config)#
DCRS-5650-28(config)#monitor session 1 source interface ethernet 0/0/24
//指定 24 口作为源端口
DCRS-5650-28(config)#monitor session 1 destination interface ethernet 0/0/22
//指定 22 口作为目的端口
```

2. 安装网路岗网络管理软件

网路岗网络管理软件是一款国内领先的网络管理软件，本节的任务是介绍网路岗软件的安装过程。软件可以从网路岗官方网站 http://www.softxp.net/下载试用。

1）将下载得到的网路岗软件压缩包解压，双击解压后的文件"Sentry8_Setup.exe"，弹出如图 6-4 所示的安装向导界面。

局域网组建与管理

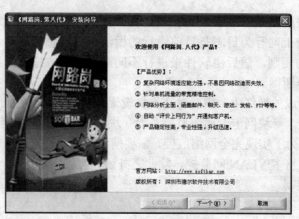

图6-4 安装向导界面

安装向导界面中描述了网路岗软件的功能特点，确定符合需求后即可进行安装，单击"下一个"按钮，进入许可证协议界面，如图6-5所示。

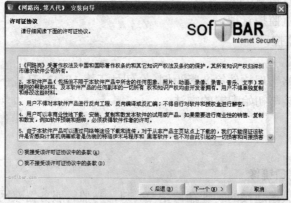

图6-5 许可证协议界面

阅读协议条款，确认不会违反条款后选择"我接受该许可证协议中的条款"单选按钮，然后单击"下一个"按钮，出现选择文件安装路径界面，如图6-6所示。

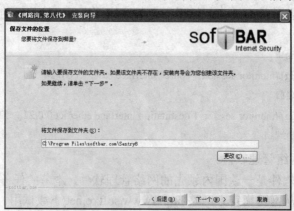

图6-6 选择文件安装路径界面

软件默认安装在系统所在分区，如需更改路径，单击"更改"按钮进行路径选择，也可以直接在文本框中输入需要的路径。设置好安装路径后单击"下一个"按钮，进入安装过程

130

界面，如图 6-7 所示。

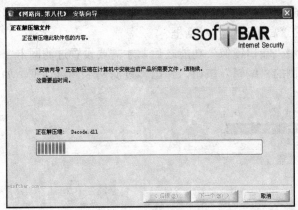

图 6-7　安装过程界面

安装完毕之后，会出现安装完成界面，如图 6-8 所示。可以根据实际环境确定是否选择安装 360 企业定制版。选择后单击"完成"按钮，安装过程结束。

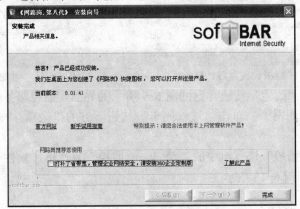

图 6-8　安装完成界面

2）软件安装完成后，桌面上会生成名为"网路岗 8"的图标，"开始"菜单中也有名为"网路岗 8"的菜单项。通过任一方式运行网路岗软件，进入软件管理界面，如图 6-9 所示。

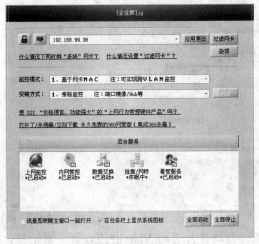

图 6-9　软件管理界面

3）单击图 6-9 上部的下拉列表框，指定监控所用网卡，用 IP 地址进行识别，本例中选择 IP 地址为"192.168.99.38"的网卡作为监控网卡（捕包网卡）。单击"过滤网卡"按钮，弹出如图 6-10 所示的"高级设置"对话框。

只有在交换机启用"端口镜像"功能之后，才需要设置过滤网卡。单击图示文本框中的内容，激活并单击右侧的"编辑"按钮，弹出"过滤网卡"对话框，如图 6-11 所示。

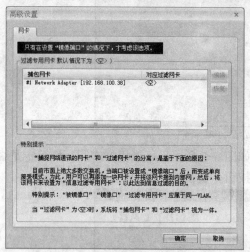

图 6-10 "高级设置"对话框

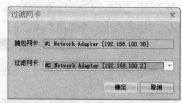

图 6-11 "过滤网卡"对话框

设置完毕后单击"确定"按钮，返回图 6-9 所示的界面，监控服务器的两块网卡分别被设置为捕包网卡与过滤网卡。单击"过滤网卡"按钮下方的"杂项"按钮，弹出如图 6-12 所示的对话框。

选择"基于网卡监控"选项组中的"跨 Vlan 监控"复选框，软件会提示所处网络是否是多 VLAN 环境，如图 6-13 所示。

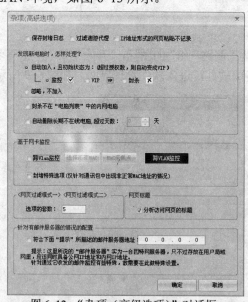

图 6-12 "杂项（高级选项）"对话框

图 6-13 确认是否是多 VLAN 环境

单击"是"按钮，软件自动打开"跨 Vlan 监控设置"对话框，如图 6-14 所示。

打开对话框后不要急于关闭，系统会自动探测"汇聚 MAC"地址。探测到之后，选择并确定即可。确定之后，图 6-12 所示的对话框的"基于网卡监控"选项组内容变为图 6-15 所示，即"选择汇聚 MAC"和"MAC 采集点"按钮被激活，用户可以通过这两个按钮对上述设定进行修改。

图 6-14 "跨 Vlan 监控设置"对话框　图 6-15 "选择汇聚 MAC"和"MAC 采集点"按钮被激活

4）单击"监控模式"下拉列表框，选择"1．基于网卡 MAC 注：可实现跨 VLAN 监控"选项，实现跨 VLAN 网络监控目的。

5）单击"安装方式"下拉列表框，选择"1．旁路监控 注：端口镜像/Hub 等"选项，实现通过端口镜像进行旁路监控。

6）单击图 6-9 右下角的"全部启动"按钮，观看启动效果，如能正常启动监控服务，表明网路岗网络管理软件安装成功。

➤ 相关知识与技能

1. 端口镜像

星形网络诞生之初，网络中心节点设备采用的是集线器。集线器的工作特点是将接收到的电信号进行放大，不判断目的计算机而直接通过其他所有物理端口进行转发，这种转发方式被称为广播。处于该网络的全部计算机都可以接收到来自源计算机发出的信息。通过集线器连接而成的网络，同一时刻只能有一台计算机发送信息，其余计算机只能等待集线器空闲才能发送信息，致使网络效率低下。由于集线器不判断目的计算机地址而直接广播转发，为网络监控与管理带来了方便，监控计算机很容易接收到网络中的数据包并且加以分析、判断。由于集线器工作效率低下，逐渐被交换机所取代。交换机可以根据目的地址进行数据转发，支持同一时刻多台计算机同时收发数据，大大提升了网络效率。不过由于交换机是按照目的计算机地址进行数据转发，致使监控计算机无法获取到网络中其他计算机的数据包，监控能力失效。为了满足在交换机网络中进行网络监控，交换机附加了端口镜像功能。通过指定需要被监控的源端口与监控服务器所在的目的端口，即可将所有源端口数据完全镜像到目的端口。也就是说，所有被控端口的数据流都会被复制到监控端口。管理员利用网络协议分析软件（网路岗8中含带）进行网络分析。为了提高监控的有效性，部分交换机对目的端口正常网络通信需求进行了限制。因此，如果监控服务器仍需正常访问网络，建议在监控服务器上安装双网卡：一块网卡用于专职监控，另一块网卡用于专职通信。本节任务中采用的就是双网卡方式。

端口镜像设置比较简单，只需两个步骤。第一步指定需要被监控的端口，即源端口。源端口可以只有一个，也可以有多个；多个源端口可以位于相同的 VLAN，也可以位于不同的VLAN。第二步指定目的端口，也称为镜像端口。镜像端口通常只能指定一个，而且要求镜像端口必须与源端口位于相同的 VLAN 之中。也就是说，必须调整镜像端口所处的 VLAN，才能实现对处于不同 VLAN 多个源端口的监控。本任务中，采取监控交换机连接外网端口的做法，所有 VLAN 中需与外网通信的流量，必须被路由后流经连接外网的端口，所以只监听该端口即可达到对整个网络流量进行监控的目的。

2. 网路岗软件工作模式

根据不同的网络环境，网路岗网络管理软件提供了多种不同的服务模式。

（1）单网段结构　所有网络中的计算机以硬件路由器或防火墙作为连接外网的出口。

（2）单网段结构　所有网络中的计算机通过一台提供共享上网服务的计算机连接外网。

（3）多网段结构　交换机划分多个VLAN，所有计算机通过连接至该交换机的路由器或防火墙访问外网。

（4）多局域网结构　整个网络由多个局域网共同组成，每个局域网都由路由器提供上网。

针对环境（1）所处的网络结构，网路岗软件提供了3种可能的解决方案。

第一种，在路由器与交换机之间添加一台集线器（Hub），路由器与交换机分别连接至集线器，监控服务器也连接至集线器。这种方案要求集线器性能必须稳定。考虑到集线器工作效率远低于交换机，集线器成为了这种方案的瓶颈。该方案不能实现带宽控制。

第二种，在进行网络监控的计算机上安装两块网卡，两块网卡一进一出。在网路岗软件中启用"网络桥"功能，可实现带宽控制。

第三种，在交换机上开启端口镜像功能。将与路由器连接的端口作为被监控端口（Source 端口），将连接至监控服务器的端口设置为镜像端口。该方案不能实现带宽控制。

针对环境（2）所处的网络结构，解决方案比较简单，只需在提供共享上网的计算机上安装网路岗管理软件即可。该方案可以实现带宽控制。

环境（3）所处的多网段网络结构与本单元任务所处的环境相同。因为交换机上划分了多个 VLAN，因此对监控会带来一定的困难。解决方案是：在交换机上启用端口镜像功能，将交换机连接至防火墙或路由器的端口设置为被监控端口，将交换机连接至监控服务器的端口设置为镜像端口。网路岗网络管理软件安装在双网卡的监控服务器上。双网卡地址可以设置为相同的网络段地址，并且双网卡需连接至交换机相同的 VLAN 中，一个网卡连接到镜像端口，另一个网卡连接至普通端口。在网路岗软件启动时，必须明确指定作为网络监控的网卡，即连接至交换机镜像端口的网卡，通过 IP 地址进行识别。

针对环境（4），需要在监控服务器上安装多块网卡，每块网卡对应一个局域网，仍然需要像环境（3）一样设置端口镜像等功能，参考环境（3）中的设置即可。

任务 4　网络管理

➥　任务描述

本任务解决如何通过网路岗网络管理软件来有效地进行网络管理的问题，并且要能够实现对上网行为监控管理。例如，不允许使用炒股软件、不允许使用 QQ 等。

➥　任务分析

网络管理软件通常都可以对上网行为进行监控与管理。网路岗管理软件可以进行邮件监控、下载监控、聊天监控、文件传输监控、网站浏览监控、流量监控等。

➥　方法与步骤

1．常规设置

打开网路岗软件后，单击左侧"常规"项目下的"电脑列表"选项，可以列出当前网络中运行的计算机，如图 6-16 所示。

图 6-16　计算机列表

软件界面被分为左、中、右三部分，左侧为资源管理器类目，中部为计算机列表，右侧为计算机上网情况。在计算机列表下方，显示当前计算机总数为 9 台，在线上网的计算机数为 5 台，没有 VIP 与被封杀的计算机。因为没有选中具体要查看的计算机，所以右侧为空白。单击计算机列表中的某一台计算机，右侧会显示该计算机的具体上网情况，如图 6-17 所示。

图 6-17　某台计算机上网情况

选中某台计算机之后，可以查看并设置该计算机的上网行为管理规则，如图 6-18 所示。

1）"上网规则"指对网络中的计算机制定的上网行为
规则，目前为空。管理员可以通过软件工具栏中的"规则"
按钮进行上网规则编辑。如图 6-19 所示，管理员可以根
据网络实际需求，通过"添加规则"、"删除规则"、"复制
规则"、"导入：规则文件->列表"、"导出：列表->规则文
件" 5 个按钮进行相关设置。管理员可以方便地添加与删
除规则，也可以将编辑好的规则导出备份，或导入已经编
辑好的规则。编辑好规则之后，就可以在图 6-18 所示的
界面中打开并应用相应规则。计算机上网行为将受上网规
则约束。

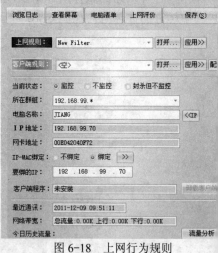

图 6-18　上网行为规则

2）"当前状态"选项组用于对当前计算机进行监控、
不监控、封杀但不监控 3 个选择。默认是进行监控，即监
控并记录计算机上网行为；不监控指计算机上网行为不受
限制；封杀但不监控指禁止该计算机的一切上网行为。由
于计算机已经不能上网，因此不再进行监控。

3）"所在群组"列出了当前计算机所在的 IP 地址段范围。

4）如果网络内的计算机名都是管理员指定的，那么管理员可以通过"计算机名称"项
方便地识别计算机的属主。

5）"IP 地址"与"网卡地址"项列出了该计算机的地址参数，方便管理员进行管理。

6）"IP-MAC 绑定"项用于实现 IP 地址与 MAC 地址的绑定，将需绑定的 IP 地址写在
"要绑的 IP"文本框中即可。

7）"客户端程序"用于加速多 VLAN 环境下对网络内计算机信息的收集。客户端安装该
程序之后，可以迅速与服务器端通信，加快服务器对整个网络掌控时间。

8）"最近通信"与"网络带宽"项列出了该台计算机上网行为与占用带宽情况。

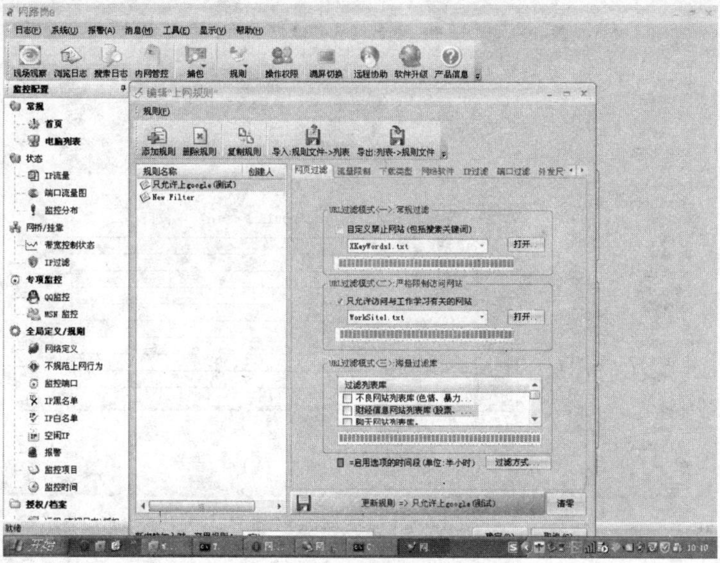

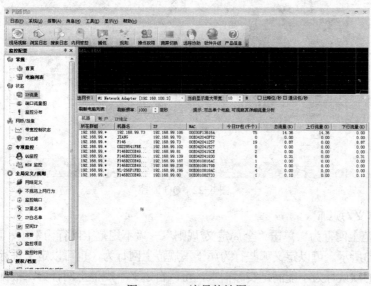

图 6-19 编辑上网规则

2．状态

单击软件左侧资源管理器中的"状态"项目，可以查看每台计算机的"IP 流量"、"端口流量图"和"监控分布"。

（1）IP 流量 如图 6-20 所示，单击"IP 流量"项，可以根据 IP 查看网络中计算机 IP 数据包与流量情况。

图 6-20 IP 流量统计图

（2）端口流量图 单击"端口流量图"项，可以查看网络中不同端口对网络资源的占用情况。如图 6-21 所示，80 端口代表网页浏览资源占用情况，443 端口代表 HTTPS 协议安全浏览网页占用资源情况。

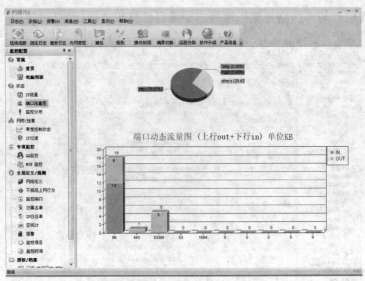

图 6-21 端口流量图

3．QQ 监控

由于很多企业都要求员工在工作时间禁止聊天等，网路岗软件对国内用户数量较大的两款聊天工具 QQ 和 MSN 都做了专项监控设置。单击左侧资源管理器中的"专项监控"→"QQ 监控"项，即可对 QQ 上网行为进行监控，如图 6-22 所示。

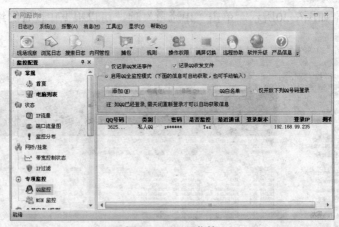

图 6-22 QQ 监控

4．全局定义/规则

（1）不规范上网行为 单击"全局定义/规则"→"不规范上网行为"项，可以进行相应的设置，如图6-23所示。可以定义哪些行为属于不规范上网行为，也可以定义进行监控的时间段。如果系统提供的默认行为不能满足实际需求，可以自定义不规范上网行为，根据需求进行设定。

（2）监控端口 "监控端口"项定义了通过端口进行网络监控的方式。系统默认提供对5种常见网络服务的监控。如果需要自定义监控端口，可以单击任意已有服务，激活上部的"编辑"按钮，如图6-24所示。

单击"编辑"按钮，在弹出的"端口"对话框中输入需要监控的端口即可。例如，公司欲禁止炒股软件的使用，以用户数较多的大智慧炒股软件为例，大智慧炒股软件使用端口

22223，如图 6-25 所示。

　　单击"确定"按钮之后，图 6-24 所示的界面变为图 6-26 所示的界面。

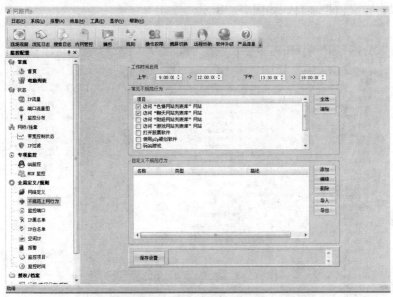

图 6-23　不规范上网行为

图 6-24　监控端口界面

图 6-25　自定义监控端口　　　　　　　　图 6-26　自定义端口后的界面

单击"编辑"按钮右侧的"保存设置"按钮，系统将监控自定义端口。

（3）监控项目 "监控项目"项定义了监控的行为。如果系统预设监控行为不能满足实际需求，可以自定义监控项目，如图6-27所示。

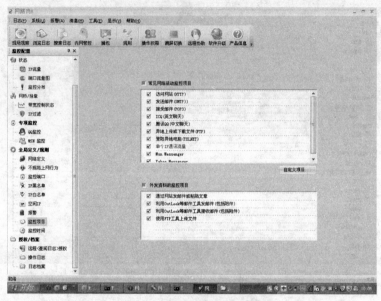

图 6-27 监控项目

（4）监控时间 "监控时间"项定义了对上网行为的监控时间段。有些监控项目只需在工作时间进行监控，其余时间无需监控，通过"监控时间"选项，可以灵活定义时间范围，如图6-28所示。软件默认为7天24小时都进行监控。单击不需要监控的时间点，对应的时间点会变为白色，即不进行监控。单击"保存设置"按钮设置即可生效。

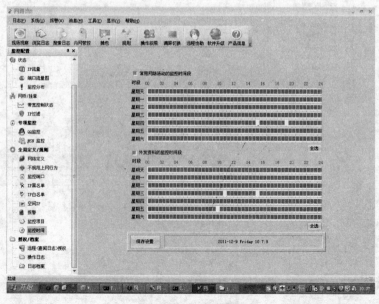

图 6-28 监控时间

相关知识与技能

网路岗网络管理软件还有很多功能，限于篇幅，本书并没有在此一一讲述。该软件有些功能依赖于不同的监控模式和安装方式，例如，"网桥/挂靠"→"IP 过滤"项就需要运行在非旁路安装方式，如图 6-29 所示。

本任务中描述的是基于多 VLAN 环境下的设置，采用的是旁路监控模式，这种模式的缺点是不能进行带宽控制。本任务中的监控模式采取的是基于 MAC 进行监控，也可以根据需求对 IP 进行监控或者对账户进行监控。根据实际的网络环境与需求，设定符合的安装方式与监控模式，才能实现完美网络管理。读者可以自行阅读网路岗网络管理软件的使用文档。

本小节介绍了网路岗网络管理软件，此外还有很多可以有效管理网络的软件，如聚生网管、网维大师等。网络设备公司也会推广公司的专用软件，如 HP Openview、IBM Tivoli Configuration Manager 等。

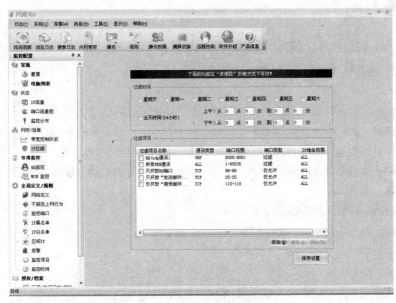

图 6-29 IP 过滤功能

任务 5 企业内部网络与 Internet

任务描述

企业网内部计算机通常都有访问 Internet 的需求。访问 Internet 需要到电信公司申请，租用电信公司的 IP 地址。理论上来说，每一台需要上网的计算机都必须具有一个独立的可以访问 Internet 的 IP 地址。但是目前有 3 个因素不允许企业为每台计算机申请独立的 IP 地址：一是会加大企业的成本支出；二是加大企业对内部网络管理的难度；三是全世界范围内现有的 IP 地址已经不够分配使用，不可能为一个企业分配成百上千甚至更多的 IP 地址。在这样的背景下，必须为企业寻找一种可行的上网解决方案。本单元任务中的"公司从电信公司申请一条 10Mbit/s 固定 IP 的宽带，要求所有员工都可以通过这条宽带访问 Internet"、"为了确保对外宣传效果，公司要建立网站，并且能够被外部网络访问"的需求都将在本节中解决。

任务分析

目前实现共享上网主要有两种方法，一种是 NAT 技术，另一种是 Proxy 技术。NAT 是目前主流的共享上网技术，既可以通过软件实现，也可以通过硬件实现。软件可以使用第 2 章中介绍的 ICS 或第 3 章中介绍的 Sygate，硬件可以使用路由器或防火墙。Proxy 指的是应用层代理上网技术，相比 NAT，Proxy 代理上网更稳定，但是对客户端设置比较复杂，而且应用环境也没有 NAT 广泛。由于是应用层代理服务，上网效率也不及 NAT。因此，NAT 是目前主流的共享上网技术。本节任务与下一节任务分别介绍使用路由器和防火墙实现 NAT 上网的方法。此外，本节还将介绍外网如何访问内网服务器。

方法与步骤

1．利用 NAT 实现共享上网

1）设置路由器物理端口 IP 地址。命令如下：

```
Router>enable
Router#config
Router_config#interface fastEthernet 0/0                          //设置第一个物理端口
Router_config_f0/0#ip address 192.168.100.254 255.255.255.0     //设置 IP 地址
Router_config_f0/0#no shutdown                                    //开启物理端口
Router_config_f0/0#exit
Router_config#interface fastEthernet 0/1
Router_config_f0/1#ip address 138.1.60.200 255.255.255.0
Router_config_f0/1#no shutdown
Router_config_f0/1#exit
```

2）编写标准访问控制列表（ACL）。命令如下：

```
Router_config#ip access-list standard 1                    //标准访问控制列表 1
Router_config_std_nacl#permit 192.168.0.0 255.255.0.0      //允许 192.168.0.0 网络段
```

3）定义公网 IP 地址池。命令如下：

```
Router_config#ip nat pool gongxiang 138.1.60.200 138.1.60.200 255.255.255.0
//地址池名为"gongxiang"，地址池起止范围都是"138.1.60.200"
```

4）开启 NAT。命令如下：

```
Router_config#ip nat inside source list 1 pool gongxiang overload
//应用标准访问控制列表 1 与地址池 gongxiang，并且允许端口复用
```

5）设置默认路由。命令如下：

```
Router_config#ip route 0.0.0.0 0.0.0.0 138.1.60.1    //默认路由指向网关地址
Router_config#ip route 192.168.0.0 255.255.0.0 192.168.100.1    //与三层交换机通信的路由器
```

6）指定物理端口为外部端口与内部端口。命令如下：

```
Router_config#interface fastEthernet 0/0
```

```
Router_config_f0/0#ip nat inside                    //内部端口
Router_config_f0/0#exit
Router_config#interface fastEthernet 0/1
Router_config_f0/1#ip nat outside                   //外部端口
Router_config_f0/1#exit
```

2．利用 NAT 端口映射实现外网对内网服务器的访问

命令如下：

```
Router_config#ip nat inside source static tcp 138.1.60.200 80 192.168.99.38 80
```

➔ 相关知识与技能

1．内部网络和 Internet

内部网络是一种通俗的称呼，有时也被称为局域网、私有网络等，通常被简称为内网。相对应的即外部网络，有时也被称为公网，或简称为外网。由于 Internet 目前已经在全球范围内高度普及，因此通常将 Internet 视为外网。内网和外网的范围不是固定不变的。在一个大型园区网络中，对整个园区来说，内网是园区内部网络，外网是 Internet；对处于园区中的某个办公室来说，内网是办公室所处局域网，该局域网范围外的网络都可以称为外网。在通常不引起歧义的情况下，外网与 Internet 两个概念可以互用。

2．访问控制列表

访问控制是网络安全防范的主要策略，它的主要任务是保证网络资源不被非法使用和访问，是保证网络安全最重要的核心策略之一。访问控制列表是应用在路由器接口的指令列表。路由器通过指令列表决定对到来的数据包允许或拒绝转发。

访问控制列表分为标准列表和扩展列表两种。标准列表仅依据源 IP 地址进行匹配，实现简单但功能有限。扩展列表根据源 IP 地址、目的 IP 地址、源端口、目的端口 4 个因素进行判断，使用上更加灵活，可以依据具体应用来制定相应的列表。

访问控制列表的执行顺序是从上到下进行比对，遇到匹配即执行，不再向下进行比对。例如，如需禁止 IP 地址为 "192.168.99.38" 的计算机访问网络，其他计算机不做任何限制，应该在列表的第一条写禁止，第二条写允许，命令如下：

```
deny host 192.168.99.38
permit any
```

如果将两条语句顺序反过来，所有数据包都匹配第一条，第二条语句就失效了。访问控制列表中一定要有允许的语句，因为访问控制列表最后隐含一句 "deny any"。如果访问控制列表中没有允许的语句，那么访问控制列表将会禁止所有计算机对网络的访问。

3．NAT

NAT（Network Address Translation，网络地址转换）是一种将私有（保留）地址转化为合法 IP 地址的技术，其实质是将 IP 数据报报头中的局域网中不能访问 Internet 的 IP 地址转

换为另一个合法访问 Internet 的 IP 地址。其转换方式有静态转换、动态转换、端口复用 3 种形式。

（1）静态转换　静态转换是指将内部网络的私有IP地址转换为公网IP地址，IP地址对是一对一的。静态转换要求拥有足够数量的公网IP地址，它并没有起到共享上网的作用，其作用是隐藏网络内部IP地址，对外相当于防火墙。

（2）动态转换　动态转换也是指将内部网络的私有IP地址转换为公网IP地址。与静态转换不同的是，动态转换的地址并不是一对一固定的，而是动态变化的，适合于内部计算机数目大于公网IP地址数目的情况。

（3）端口复用　此处所说的端口是传输层概念，通信双方之间通过IP地址进行计算机主机的识别，但是IP地址并不能确定应用程序进程。举例说明如下，张三同时与李四、王五进行QQ聊天，当李四的消息发送到张三的计算机时，张三的计算机需要能够准确地将消息显示在与李四聊天的窗口中。这就需要借助端口的帮助，传输层提供2^{16}（65536）个端口。端口就好像去超市购物时的存包牌，超市管理人员通过存包牌来进行包的识别，计算机通过端口来进行应用进程的识别。

端口复用是利用端口技术，将内部网络地址通过不同端口转换为一个公网 IP 地址，通过该公网 IP 地址进行 Internet 访问。由于端口数目高达 6 万多个，意味着利用端口复用技术，可以支持 6 万多应用进程对 Internet 进行访问。本任务中采用的就是端口复用技术，实现内部网络所有计算机利用一个公网 IP 地址进行 Internet 访问。

4. Proxy

Proxy 在网络中的意思是代理服务，它由应用程序来完成对客户机共享上网。采用代理服务技术共享上网时，客户机网络连接设置无须设置网关和 DNS 服务器。客户机的网络设置在应用程序上完成，每个需要访问 Internet 的应用程序都需指定代理服务器。对用户来说，对每个应用程序都指定代理服务器，显然比只需设置网关和 DNS 服务器要麻烦得多。用户指定代理服务器之后，将访问网络的需求发给代理服务器，由代理服务器代为访问网络，然后将结果反馈给提出访问网络请求的客户机，完成访问 Internet 的过程。由于 Proxy 技术是由应用程序在应用层完成的，因此效率低于 NAT，使用上也没有 NAT 技术方便，因此，在共享上网领域，逐渐被 NAT 技术取代。

5. 端口映射

端口映射是解决外网计算机访问内网服务器的技术。NAT 技术将内网 IP 地址转换为公网 IP 地址，可以实现内网计算机进行 Internet 访问。外网计算机将所有内网计算机的上网行为都认为是公网 IP 地址对应计算机的行为，使内网计算机上网问题得以解决。如果将某台内网计算机作为 Web 服务器，提供 Web 访问服务，内网计算机可以访问 Web 内容，而外网计算机不能访问到这台服务器的 Web 内容。原因是外网计算机只能访问公网 IP 地址，NAT 可以提供内网 IP 转换为公网 IP，却不能简单地将公网 IP 转换为内网 IP，所以外网计算机无法访问内网 Web 服务器内容。通过端口映射，可以解决外网计算机访问内网服务器的问题。如果外网计算机需要访问内网 Web 服务器，那么外网访问的服务器端口号是 80。在 NAT 服务器上对 80 端口提供映射服务，映射到内网 Web 服务器。外网计算机访问公网 IP80 时，NAT 服务器会将此请求转发到内网 Web 服务器，实现外网对内网服务器的访问。当内网有多台计算机提供相同服务时，只能将一台计算机利用默认端口映射。例如，当内网有多台计算机提供 Web 服务时，只能将 80 端口映射到其中某一台，其余计算机必须更改服务端口号。

任务 6　硬件防火墙网络安全方案

➥ 任务描述

网络安全问题已经被越来越多的企业和个人予以重视。网络安全的本质是网络信息安全，包括网络系统的硬件、软件及数据受到保护，不遭受破坏、更改、泄露，系统可正常地运行，网络服务不中断。对本地网络信息的访问、读写等操作进行保护和控制，避免出现病毒、非法存取、拒绝服务和网络资源的非法占用和非法控制等威胁，制止和防御网络"黑客"的攻击，打造一个安全的网络环境。

➥ 任务分析

防火墙是保证网络安全的首选产品。防火墙分为软件防火墙和硬件防火墙：软件防火墙价格低廉，配置灵活，但是依赖于计算机本身配置，占用硬件资源，在处理问题时效率较低，而且其本身也可能因受到攻击而瘫痪；硬件防火墙价格较高，在硬件芯片上集成软件防火墙功能，不依赖计算机资源，功能较少但处理速度更快，也不易因受到攻击而瘫痪。一般来说，个人用户或受资金限制的小企业可以采用软件防火墙，大中型企业建议采取硬件防火墙解决方案。本节任务以 Cisco PIX 防火墙为例，介绍硬件防火墙的配置方法。

➥ 方法与步骤

1）输入命令"enable"，进入特权模式，此时系统提示"pixfirewall#"。

2）输入命令"configure terminal"，进入全局配置模式。

3）设置接口名称，并指定安全级别，安全级别取值范围为 1～100，数字越大，安全级别越高。命令如下：

nameif ethernet0 outside security 0

nameif ethernet1 intside security 100

4）配置以太口参数。命令如下：

interface ethernet0 auto　//"auto"选项表明系统自适应网卡类型

interface ethernet1 auto

5）配置内外网卡的 IP 地址。命令如下：

ip address inside 192.168.100.254 255.255.255.0

ip address outside 138.1.60.200 255.255.255.0

6）指定外部地址范围。命令如下：

global （outside）1 138.1.60.200 138.1.60.200

7）指定要进行转换的内部地址。命令如下：

nat（inside）1 192.168.0.0 255.255.0.0

8）设置指向内部网和外部网的默认路由。命令如下：

route inside 0 0 192.168.100.1

route outside 0 0 138.1.60.1

9）设置访问控制列表。禁止访问某不良网站，假定通过 nslookup 命令得知该网站 IP 地址为"1.2.3.4"，则命令如下：

access-list 100 deny ip any host 1.2.3.4 eq www

access-list 100 permit ip any any

➡ 相关知识与技能

1．防火墙与路由器的区别和联系

防火墙和路由器在某些功能上是相同的，在一些对性能要求不是很高的环境中，二者有时可以互用。但二者侧重点不同，防火墙侧重于对数据包过滤和检测，基于硬件芯片进行处理，速度较快；路由器侧重于寻找路径与数据包转发，路由器所有功能都是建立在 IOS 系统上的，需要 CPU 进行处理，所以开启过多的访问控制列表会加重路由器的负担，降低网络运行效率。价格上，防火墙更高一些。在大型网络中，防火墙负责数据检测与过滤，路由器负责数据转发，二者应该各司其职，才能最大限度保证网络安全性与工作效率。在中小型网络中，限于成本，有时只选择二者之一即可。

2．DMZ

DMZ（Demilitarized Zone）直译是非军事区，也被称为停火区，更多情况下直接称为 DMZ 区。DMZ 是防火墙为内网服务器预留的区域，处于 DMZ 区中的内网服务器可以直接被外网访问，无需做端口映射，方便了同一网络服务被外网访问。新的防火墙一般都有 3 个接口，其中两个接口的作用与路由器相同，一个负责内网，一个负责外网。第三个接口对应的就是 DMZ 区，是路由器所不具备的。将内网服务器连至 DMZ 区，即可实现外网直接访问。

 项目实训：组建中型企业网络

项目环境： 3 台计算机或更多，其中至少 1 台双网卡，用于安装网路岗软件；1 台路由器；1 台防火墙；1 台三层交换机；网线若干，网路岗软件。

注意： 如果设备不足，可将项目分解，设备部分在模拟器上完成。

项目要求：

1）划分 VLAN，设置 VLAN 管理 IP 地址，将安装网路岗软件的计算机置于 VLAN 1 中，其余两台计算机分别置于不同的 VLAN 中。

2）配置路由器或防火墙，实现多 VLAN 环境下计算机共享上网。

项目评价：

项目实训评价表

		内　容	评　价		
	学习目标	评价项目	优	合格	不合格
职业能力	掌握 VLAN 划分方法	划分 VLAN			
		配置 VLAN 管理 IP 地址			
	掌握静态路由协议	三层交换机路由协议			
		路由器路由协议			
	掌握端口绑定方法	禁止随意修改 IP 地址			
	能独力完成网络管理工作	网路岗软件的使用			
	解决问题能力				

主要步骤：	优
	合格
综合评价	不合格

指导教师：
年　月　日

第7章　组建无线局域网

无线局域网（WLAN，Wireless Local Area Network）具有可移动、安装简单、灵活高效和扩展能力强等特点，作为对传统有线网络的延伸，使"任何时间、任何地点都可以轻松上网"这一目标被轻松实现。

能力目标

- 掌握无线网卡的安装过程。
- 熟练配置无线 AP 设备。
- 熟练组建 Ad-hoc 结构无线局域网。
- 熟练组建 Infrastructure 结构无线局域网。

任务1　组建 Ad-hoc 结构无线局域网

↘　任务描述

现代家庭一般拥有一台台式计算机，随着工作和学习的需要，会购买一台或多台便携式计算机（内置无线网卡），这就要求计算机之间要互相共享资源和信息。

↘　任务分析

多台计算机组建网络，一般采用小型 8 口交换机和双绞线组网，但是这样会增加交换机和双绞线的成本，并且也浪费了便携式计算机内置无线网卡资源，更无法发挥其移动方便的优势。

组建无线局域网有两种方案，一种是通过 AP（Access Point，无线接入点）连接的 Infrastructure 模式，另一种是 Ad-hoc 模式。Infrastructure 模式无线局域网是指通过 AP 互连工作模式，把 AP 看做传统局域网中的集线器。Ad-hoc 模式是一种特殊模式，只要计算机上安装有无线网卡，通过配置无线网卡的 ESSID 值，就可组建无线对等局域网，实现设备相互连接。

Infrastructure 模式需要购买 AP 等设备，而 Ad-hoc 模式只需要安装无线网卡即可，因此，对于一台台式计算机和多台便携式计算机（内置无线网卡）来说，只要再多购买一块无线网卡就可以组网了，其网络拓扑图如图 7-1 所示。

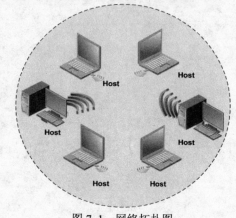

图 7-1　网络拓扑图

方法与步骤

1．安装无线网卡

假定为一台台式计算机购买一块 USB 无线网卡，型号为 TP-LINK 的 TL-WN721N，如图 7-2 所示。

1）把 USB 无线网卡插入台式计算机的 USB 接口，出现"找到新的硬件向导"对话框，如图 7-3 所示。

图 7-2　USB 无线网卡　　　　　　　图 7-3　"找到新的硬件向导"对话框

2）选择"从列表或指定位置安装（高级）"单选按钮，单击"下一步"按钮，选择"在搜索中包括这个位置"单选按钮，单击"下一步"按钮进行安装。安装成功后单击"完成"按钮，在任务栏上出现无线连接标识，如图 7-4 所示。

图 7-4　任务栏上出现无线连接标识

3）查看无线连接。选择"开始"→"网上邻居"→"查看网络连接"命令，打开"网络连接"窗口，出现"无线网络连接"图标，如图 7-5 所示。因为没有无线网络可用，所以是"未连接"状态。

4）在 Windows XP 中配置无线网络。

① 打开"网络连接"窗口，右击"无线网络连接"图标，选择"属性"命令打开"无线网络连接 属性"对话框，如图 7-6 所示。

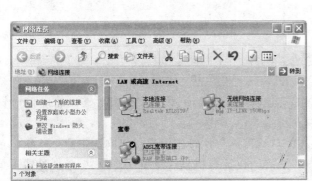

图 7-5　"网络连接"窗口　　　　　　图 7-6　"无线网络连接 属性"对话框

② 在"常规"选项卡中选中"Internet 协议（TCP/IP）"复选框，单击"属性"按钮，打开"Internet 协议（TCP/IP）属性"对话框，设置"IP 地址"为"192.168.1.2"，"子网掩码"为"255.255.255.0"，单击"确定"按钮，如图 7-7 所示。

③ 修改无线网络设备的标识。单击"无线网络配置"选项卡，选择"用 Windows 配置我的无线网络设置"复选框，如图 7-8 所示。

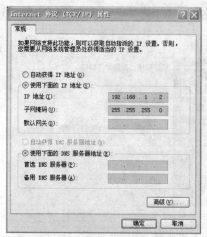

图 7-7 "Internet 协议（TCP/IP）属性"对话框

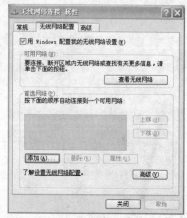

图 7-8 "无线网络配置"选项卡

④ 添加一个新的标识。单击"首选网络"选项组中的"添加"按钮，打开"无线网络属性"对话框，在"关联"选项卡中设置"网络名"为"网络组建"，"网络身份验证"为"开放式"，"数据加密"为"已禁用"，如图 7-9 所示。

⑤ 单击"确定"按钮，打开"无线网络连接"提示对话框，如图 7-10 所示。

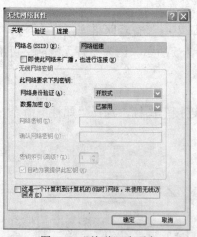

图 7-9 "关联"选项卡

图 7-10 "无线网络连接"提示对话框

⑥ 单击"仍然继续"按钮，为无线网络设备添加名为"网络组建"的标识成功，如图 7-11 所示。

⑦ 配置无线网络的连接模式。在"首选网络"选项组中选择"网络组建"网络，单击"高级"按钮，打开"高级"对话框，选择"仅计算机到计算机（特定）"单选按钮，单击"关闭"按钮，如图 7-12 所示。

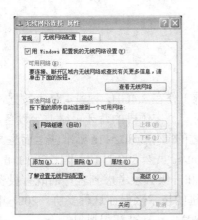

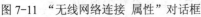

图 7-11 "无线网络连接 属性"对话框 图 7-12 "高级"对话框

5）查看状态。在"网络连接"窗口中，右击"无线网络连接"图标，选择 "查看可用的无线连接"命令，打开"无线网络连接"窗口，从中可以查看相关信息，如图 7-13 所示。

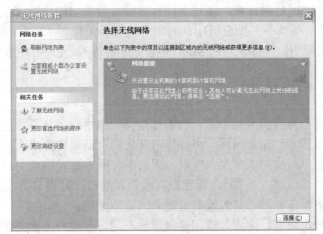

图 7-13 "无线网络连接"窗口

2. 其他计算机配置

按照同样的方法配置其他计算机的"无线连接"属性，参数设置相同，但 IP 地址要在同一网段中，如 192.168.1.1，使用 ping 命令测试无线对等网的连通性，如图 7-14 所示。

图 7-14 ping 命令测试窗口

↘ 相关知识与技能

1. WLAN 物理层协议

1999 年，IEEE 推出了 802.11b 标准，该标准工作在 2.4GHz 频段，最大数据传输速率可达 11Mbit/s。802.11b 工作于公共频段，容易与同一工作频段的蓝牙、微波等设备形成干扰，且速度较低。为了解决这个问题，在 802.11b 通过的同年，802.11a 标准应运而生。该标准工作于 5GHz 频段，最大数据传输速率提高到 54Mbit/s。虽然 802.11a 标准比 802.11b 先进不少，但由于 802.11b 的广泛使用，无线局域网的部署和升级必须考虑到客户的既有投资，业界迫切需要一种与 802.11b 工作于同一频段且更为先进的技术来保证这种妥协。2001 年，工作于 2.4GHz 频段、数据传输速率最高达 54Mbit/s 的 802.11g 标准获得通过。

2. SSID

SSID（服务集标识）为无线网络的名称，用来区分不同的无线网络，最多可以有 32 个字符。SSID 通常由 AP 广播出来，通过无线客户端自带的扫描功能可以查看当前区域内的 SSID。出于安全考虑，可以不广播 SSID，此时用户就要手工设置 SSID 才能进入相应的网络。BSSID（基本服务集标识，为接入点的 MAC 地址，不可修改。ESSID（扩展服务集标识）即通常所说的 SSID，可修改。

3. 无线网卡

无线网卡的功能与有线网卡差不多，它们都是局域网络设备，都是信号的收发设备，只不过有线网卡传输电信号，而无线网卡将计算机产生的电信号转变成无线信号发射出去。在外观上看，无线网卡与有线网卡有很大区别，因为有线网卡通过网卡上的接口连接相应的传输介质（同轴电缆、双绞线、光缆），而无线网卡则是通过天线向计算机外传输数据。由于无线网卡是局域网络设备，所以其收发信号是有一定范围的。

无线网卡就其分类而言，主要是根据其接口的不同，一般分为 PCMCIA 无线网卡、PCI 无线网卡、MiniPCI 无线网卡、USB 无线网卡和 CF/SD 无线网卡。无线网卡如图 7-15 所示。

4. 无线上网卡

无线上网卡的外观和无线网卡差不多，但是它的作用、功能相当于有线的调制解调器。它是将计算机产生的数字信号转变成模拟的无线信号传播出去，可以使用在无线电话信号覆盖的任何地方，并且需要插入手机的 SIM 卡来使用，使其计算机母体能够接入 Internet。无线上网卡如图 7-16 所示。

图 7-15　无线网卡

图 7-16　无线上网卡

无线上网卡的分类很多,根据目前国内主流的无线接入技术分类,可分为 GPRS 和 CDMA 两种。

1) GPRS（通用分组无线业务）。GPRS 服务由中国移动通信公司推出,其理论上支持的最高速率为 171.2kbit/s,但受网络编码方式和终端支持等因素的影响,用户的实际接入速度在 15kbits～40kbit/s 之间,在使用数据加速系统后,速率可以稳定在 60kbit/s～80kbit/s 之间。

2) CDMA（码分多址）。CDMA 服务由中国联合通信有限公司推出,CDMA 1X 的数据传输速率在一般环境下可达到 153kbit/s,是 GPRS 的两倍。

根据其接口的不同,无线上网卡一般分为 PCMCIA 无线上网卡、PCI 无线上网卡、USB 无线上网卡和 CF/SD 无线上网卡。

任务 2　组建 Infrastruction 结构无线局域网

➥ 任务描述

在学院网络实训建设过程中,提倡学生自带便携式计算机（内置无线网卡）进行学习,并提供 Internet 网络。

➥ 任务分析

在实训室环境中,提倡学生自带便携式计算机（内置无线网卡）,因为使用网线进行组网很不方便,也会使实训室到处都是网线,既不美观,也不安全,因此,最好采用无线局域网。但无线电波在传播的过程中会不断衰减,通过无线网卡发出的无线信号在超过一定的距离时,就无法接收到,而且随网络中接入无线设备的增多,网络的工作速度会变得很缓慢。因此,采用以 AP 为中心的 Infrastructure 模式来组建网络。

➥ 方法与步骤

1. 安装无线网卡

为每台计算机和便携式计算机安装无线网卡。

2. 安装无线 AP 设备

假定实训室使用的 AP 设备为锐捷无线交换机 RG-MXR-2 和 MP-422 室内智能管理型无线接入点,如图 7-17 和图 7-18 所示。

图 7-17　无线交换机 RG-MXR-2　　　图 7-18　MP-422 室内智能管理型无线接入点

1) 无线 AP 使用网线与无线交换机相连,无线交换机通过 USB 转 COM 数据线与管理计算机相连,网络连接如图 7-19 所示。

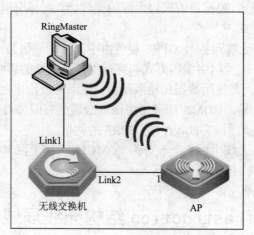

图 7-19 网络连接图

2）选择"开始"→"程序"→"附件"→"通信"→"超级终端"命令，打开"超级终端"窗口，如图 7-20 所示。

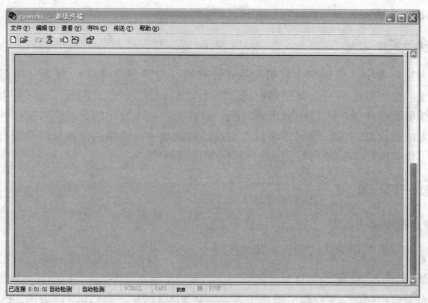

图 7-20 "超级终端"窗口

3）在"超级终端"窗口中配置无线交换机和 AP，命令如下：

Username: admin	//输入用户名和密码
Password:	
MXR-2> en	//输入"en"进入特权模式
Enter password:	//再次输入密码，输入时不显示字符
MXR-2# quickstart	//输入"quickstart"，进入快速配置向导
This will erase any existing config. Continue? [n]: y	//操作将擦除配置，询问是否继续
System Name [MXR-2]: MXR-2	//输入系统名字，可直接按<Enter>键
Country Code [US]: CN	//输入国家代码，默认 US

System IP address []: 192.168.55.1　　　　　　　//设置 IP 地址，实训室 D201 网段为

　　　　　　　　　　　　　　　　　　　　　　　//192.168.55，这里输入"192.168.55.1"

System IP address netmask []: 255.255.255.0　　　//输入子网掩码

Default route []: 192.168.55.254　　　　　　　　//输入默认网关，D201 为 192.168.55.254

Do you need to use 802.1Q tagged ports for connectivity on the default VLAN? [n]: n

　　　　　　　　　　　　　　　　//询问是否开启 802.1Q 支持，输入"n"表示不开启

Enable Webview　　　[y]: y　　　　　　//是否开启 Web 默认页面

Admin username [admin]:　　　　　　//输入用户名，可直接按<Enter>键，默认为 admin

Admin password [mandatory]:　　　　　　//输入密码

Enable password [optional]:　　　　　　//再次输入密码

Do you wish to set the time? [y]: n　　　　//询问是否设置时间，这里为了节省时间，不设置，输入"n"

Do you wish to configure wireless? [y]: y　　　//询问是否设置无线，输入"y"按<Enter>键，进入无线配置

Enter a clear SSID to use: D201　　　　　//输入无线网络标识，名字为"D201"，可随意输入

Do you want Web Portal authentication? [y]: n　　//询问是否开启 Web 方式验证，不开启输入"n"

Do you want to do 802.1x and PEAP-MSCHAPv2? [y]: n//询问是否开启 Web 及证书加密验证

　　　　　　　　　　　　　　　　　　　　//不开启，输入"n"

Do you wish to configure access points? [y]: y　　　//询问是否设置无线接入点

Enter a port number [2] on which an AP resides, <cr> to exit: 2

　　　　　　　　　　　　　　　　//AP 接入在无线交换机的 2 端口，输入"2"按<Enter>键

Enter AP model on port 2: MP-422A　　　　//输入 AP 的型号"MP-422A"

Enter a port number [2] on which an AP resides, <cr> to exit:　//询问是否继续设置 AP

　　　　　　　　　　　　　　　　　　　　//这里只有一个 AP，所以按<Enter>键，跳

　　　　　　　　　　　　　　　　　　　　//出设置

Do you wish to configure distributed access points? [y]: n　//询问是否设置分布式网络

　　　　　　　　　　　　　　　　　　　　//不需要，输入"n"

success: created keypair for ssh　　　　　　　　//提示设置成功

success: Type "save config" to save the configuration　　//提示输入"save config"保存设置

*MXR-2# save config　　　　　　　　　　　//输入"save config"保存配置

success: configuration saved.

MXR-2# APM Apr 16 22:18:33.551702 CRITICAL AP_NOTICE: AP 2 booted OK from AP res

ident image　　　　　　　　　　　　　　　//提示配置文件已成功上载至 AP

MXR-2# set int 1 ip dhcp-server enable start 192.168.55.10 stop 192.168.55.200 p

rimary-dns 202.96.64.68 secondary-dns 8.8.8.8 default-router 192.168.55.254

//设置 DHCP 服务

//DHCP 服务开启，"开始 IP 地址"为"192.168.55.10"，"结束 IP 地址"为"192.168.55.200"，"主 DNS

//服务器"为"202.96.64.68"，"辅助 DNS 服务器"为"8.8.8.8"，"默认网关"为"192.168.55.254"

success: change accepted.

*MXR-2# set int 1 ip dhcp-server enable　　　//DHCP 服务开启

success: change accepted.　　　　　　　　//更改成功

*MXR-2# save config　　　　　　　　　　//保存配置

success: configuration saved.　　　　　　　//保存成功

MXR-2#

3．配置每台计算机

打开计算机的"无线网络连接"窗口，配置无线网卡的 IP 地址，范围为 192.168.55.10 至 192.168.55.200，"子网掩码"为"255.255.255.0"。

4．测试连通性

使用 ping 命令测试与另一台计算机的连通性。

➡ 相关知识与技能

与 Ad-hoc 结构无线局域网模式不同，Infrastructure 结构的无线局域网模式更加复杂，计算机之间的通信通过无线接入设备 AP 连接，由 AP 接收客户设备的信号，转发给其他计算机，实现无线局域网资源的共享。如果把无线接入点 AP 设备再通过电缆与有线网络连接，就可以构成无线局域网与有线网络之间的一体通信。无线接入 AP 设备是无线和有线网络之间连接的桥梁。

无线网卡通过 Infrastructure 方式互联，可以覆盖 100～300m 的距离。

无线接入点有时也称为无线集线器，功能与集线器相类似。在一定的范围内，任何一台装有无线网卡的 PC 均可通过无线接入点去分享无线局域网络。当然，通常无线接入点有一个局域网接口，这样通过一根网线与网络接口相连，使 PC 可以接入更大的局域网络，甚至是广域网。

无线路由器是无线接入点与宽带路由器的一种结合体，一方面可以让覆盖范围内的无线终端通过它进行相互通信；另一方面借助于路由器功能，可以实现无线网络中的 Internet 连接共享，实现无线共享接入。通常的使用方法是将无线路由器与 ADSL 调制解调器相连，这样就可以使多台无线局域网内的计算机实现共享宽带网络。

无线路由器一般有一个或多个天线作为无线接口：一个 WAN 接口，若干 LAN 接口，既可以通过无线网络连接计算机，也可以通过传输介质连接计算机。

任务3 无线软 AP

➡ 任务描述

现代家庭或小型公司都拥有一台台式计算机，并通过各种方式接入互联网，一般采用 ADSL 宽带。随着生活和工作的需要，配备一台或几台便携式计算机（内置无线网卡），并且需要计算机之间资源共享和同时接入互联网，这就需要把几台计算机组建成一个小型局域网，通过 ADSL 共享上网。由于便携式计算机都内置了无线网卡，所以采用无线软 AP 共享上网性价比是最高的，其网络连接图如图 7-21 所示。

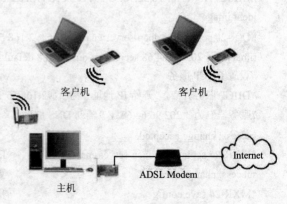

图 7-21   网络连接图

➥ 任务分析

软 AP 就是 Soft-AP，它的硬件部分就是一块标准的无线网卡，但其通过驱动程序使其提供与 AP 一样的信号转接、路由等功能。软 AP 无线网卡是通过专用无线网卡驱动程序来实现的。利用 ICS 共享上网采用普通标准无线网卡也可以实现互连与上网，达到软 AP 的功能。

➥ 方法与步骤

1. 设置主机计算机

1）安装好 ADSL，并正常接入互联网。

2）安装主机计算机的无线网卡，采用 Ad-hoc 模式进行配置。Ad-hoc 模式是一种特殊模式，只要计算机安装了无线网卡，通过配置无线网卡的 SSID 值就可以组建无线对等局域网，实现设备相互连接。假定为主机计算机配备一块 USB 无线网卡，型号为 TP-LINK 的 TL-WN721N。

3）在 Windows XP 中配置无线网络（参考图 7-13）。

4）启用 ICS 共享 ADSL 宽带连接，结果如图 7-22 所示。

图 7-22 共享 ADSL 宽带连接

5）连接 ADSL 宽带接入互联网，使主机计算机能够上网，至此主机计算机设置完成。

2. 设置客户计算机

1）安装客户计算机的无线网卡，设置成 Ad-hoc 模式，同主机设置一样，并连接到网络名（SSID）为"网络组建"的网络中。

2）由于配置 ICS 后，代理服务器主机计算机连接局域网的无线网卡自动配置 IP 地址为 192.168.0.1，所以配置客户计算机的 IP 地址为同网段的 192.168.0.2 等，子网掩码为 255.255.255.0，默认网关为 192.168.0.1，DNS 服务器为 192.168.0.1，如图 7-23 所示。

3）单击"确定"按钮，完成设置。

4）其他客户计算机的设置与此相同。

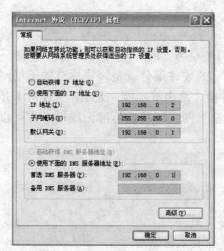

图 7-23 "Internet 协议（TCP/IP）属性"对话框

3．将主机计算机和客户计算机接入无线局域网

选择"网络组建"无线网络，分别把主机计算机和客户计算机接入无线局域网。此时客户计算机的"网络连接"窗口会出现"Internet 网关"，如图 7-24 所示。

图 7-24 "网络连接"窗口

4．测试上网功能

测试所有计算机的上网功能，实现软 AP 功能。

↘ 相关知识与技能

软 AP 也存在很多弱点，其中最大的弱点是不能独立使用，即无线软 AP 必须安装在一台计算机上，并且该计算机不能关闭（一旦关闭服务自然终止），即不能像真正的 AP 一样可以脱离于主机独立支持网络中的任何一台计算机共享使用。由于采用的是无线 Ad-hoc 模式，所以覆盖的范围也很小，不会向无线 AP 那样覆盖的范围在 100～300m 之间；随着无线终端的加入，网络也会变得很慢。SSID 是配置在无线局域网设备中的一种无线标识，具有相同 SSID 的无线用户端设备之间才能进行通信，因此 SSID 的泄密与否，也是保证无线局域网接入设备安全的一个重要标志。

项目实训：组建无线局域网

项目环境：3 台计算机；3 块无线网卡；无线交换机 RG-MXR-2；MP-422 室内智能管理型无线接入点；螺钉旋具；压线钳子；双绞线；RJ-45 插头；测线器；Windows XP 系统光盘；飞鸽传书软件。

项目要求：构建 Ad-hoc 和 Infrastructure 两种结构的无线局域网，使用两块无线网卡组建无线对等网，使用无线接入 AP 与有线网连接。

项目评价：

项目实训评价表

内　　容		评　　价		
学 习 目 标	评 价 项 目	优	合格	不合格
职业能力　构建 Ad-hoc 结构的无线局域网	熟练安装无线网卡			
	掌握在 Windows XP 中配置无线网络的方法			
构建 Infrastructure 结构的无线局域网	掌握无线 AP 设备的安装方法			
	掌握无线 AP 的配置方法			
解决问题能力				

主要步骤：	优
	合格
综合评价	不合格
指导教师： 　　年　月　日	

第 8 章　网络远程控制

网络远程控制可以实现从远程位置管理服务器或主机。可以直接使用 Windows Server 2003 操作系统提供的远程管理工具实现远程管理，也可以通过安装 pcAnywhere 软件实现远程管理。了解每种工具的优点和安全性需要后，就可以为远程管理和管理任务选择最合适的工具。

能力目标

- 掌握安装、管理远程桌面的方法以及远程桌面连接的过程。
- 熟练使用 pcAnywhere 实现远程管理。
- 掌握 VPN 服务器和客户端的配置方法及 VPN 连接访问的过程。

任务 1　远程桌面连接

➡ 任务描述

某企业分公司有一台 FTP 服务器托管在机房中，服务器的 IP 地址为 192.168.1.101。网络管理员想远程管理这台服务器，例如，修改服务器配置、排除服务器故障、上传文件、重启服务器等。

➡ 任务分析

Windows Server 2003 操作系统提供了可用于从远程位置管理服务器的工具。这些工具包括远程桌面、终端服务器、远程协助和 Telnet 服务等。

远程桌面：提供了一种访问远程运行 Windows Server 2003 计算机桌面方法，其以远程桌面协议（RDP）为基础，允许管理员从网络上的另一台计算机上管理服务器的文件、打印共享和编辑注册表，如同在本地执行操作一样。远程桌面最多允许两个并发的远程管理连接，连接不要求额外的许可协议。

远程桌面的功能如下：

- 提供了基于图形环境的管理模式。
- 为低端硬件设备提供了访问 Windows Server 2003 桌面的能力。
- 提供了集中的应用程序和用户管理方式。

➡ 方法与步骤

1. 在被管理计算机上启用远程桌面

远程桌面功能已包含在 Windows Server 2003 系统中，不需要另外安装，只要启用该功能即可。启用远程桌面的步骤如下：

在桌面上右击"我的电脑"图标，选择"属性"命令，弹出"系统属性"对话框，单击

"远程"选项卡，选择"启用这台计算机上的远程桌面"复选框，如图 8-1 所示。

注意：为了允许某个用户能够连接到本计算机，还需要将用户添加到"Remote Desktop Users"组中。

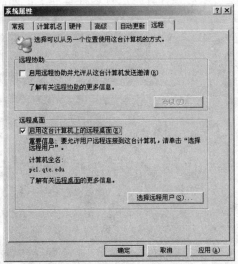

图 8-1　"远程"选项卡

2．将管理机连接到被管理计算机

1）对于 Windows XP 和 Windows Server 2003 操作系统来说，系统已经内置了"远程桌面连接"工具，用户可以通过"开始"→"所有程序"→"附件"→"远程桌面连接"命令启动。启动该程序后，可以看到一个简单的连接界面，输入远程服务器的名称或者 IP 地址就可以进行连接。也可以单击"选项"按钮，设置更多选项，如图 8-2 所示。

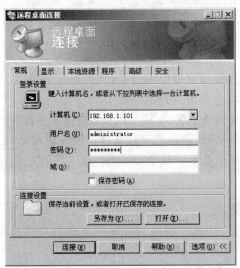

图 8-2　"远程桌面连接"界面

2）如果要对"远程桌面连接"的属性进行进一步设置，可以选择"显示"选项卡，从中可以设置远程桌面的分辨率和颜色。选择"高级"选项卡，可以设置连接速度（如选择 LAN 连接）、位图缓存等性能参数。

3．实施远程管理

在图 8-2 中输入被连接的计算机中已存在的用户名和密码，单击"连接"按钮登录到该计算机。登录后，管理员就可以对该计算机进行远程管理了，如图 8-3 所示。

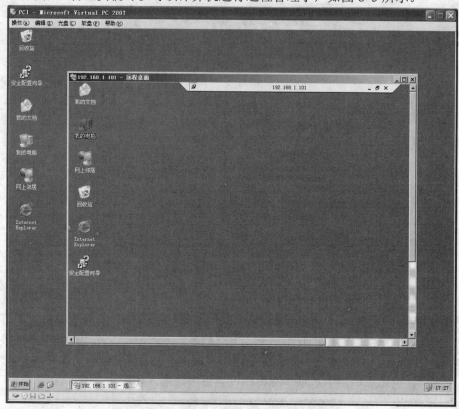

图 8-3　远程桌面管理

4．退出远程管理

要退出远程桌面，可在终端窗口中单击"开始"→"关机"按钮，在"关闭 Windows"对话框中选择"断开"项，再单击"确定"按钮。

对于旧版本的 Windows 操作系统，需要专门安装终端服务器客户程序。Windows Server 2003系统中已经有一个终端服务客户机程序的安装文件，位置通常是%SystemRoot%WINDOWS\system32\clients\tsclient。管理员可以共享该目录，以允许客户计算机连接到这个共享目录进行终端服务器客户程序的安装。

➥　相关知识与技能

1．Windows Server 2003 远程桌面

在 Windows Server 2003 操作系统的"管理工具"中有"远程桌面"应用程序，利用该程序，可以实现远程登录管理网络上其他的计算机桌面，但其使用方法与上述"远程桌面连接"客户端程序有差别。

1）运行 Windows Server 2003 的"远程桌面"应用程序，打开"远程桌面"管理控制台，此窗口是 Windows 标准管理控制台（MMC）窗口，如图 8-4 所示。

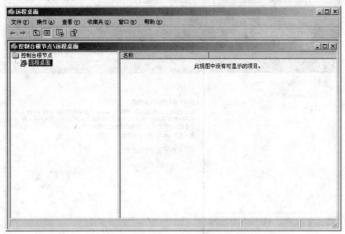

图 8-4　Windows Server 2003 "远程桌面" 管理控制台

2）在打开的 "远程桌面" 控制台中，右击 "远程桌面" 节点，选择 "添加新连接" 命令，打开 "添加新连接" 对话框。在其中输入连接的服务器名称或 IP 地址，自己定义一个连接名，输入用户名、密码及域内容，单击 "确定" 按钮，如图 8-5 所示。

2．配置远程协助

（1）启用远程协助

1）右击 "我的电脑" 图标，选择 "属性" 命令，在弹出的 "系统属性" 对话框中选择 "远程" 选项卡，选中 "启用远程协助并允许从这台计算机发送邀请" 复选框，如图 8-6 所示。

图 8-5　"添加新连接" 对话框

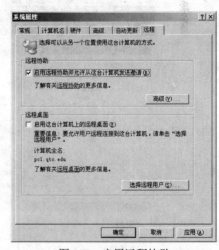

图 8-6　启用远程协助

2）单击 "确定" 按钮后即可启用远程协助。启用远程协助后，网络中的其他用户可以向本机发送邀请，获得本机的帮助。

（2）请求远程协助　要想获得网络帮助，首先要发送邀请。

1）依次选择 "开始" → "帮助和支持" 命令，打开 "帮助和支持中心" 窗口，然后单击 "邀请您的朋友用远程协助连接您的计算机" 按钮，出现 "邀请您信任的某人帮助您" 界面，如图 8-7 所示。

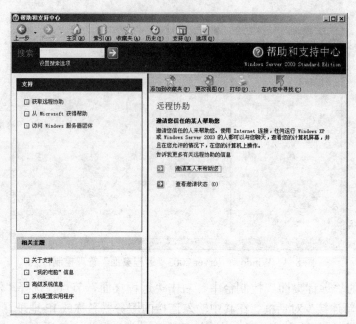

图 8-7 "帮助和支持中心"窗口

2）单击"邀请某人来帮助您"按钮，出现"选择您想如何联系您的助手"界面。可以通过 Windows Messenger、电子邮件、保存为文件等方式发送邀请，如图 8-8 所示。

图 8-8 选择邀请方式

3）单击"将邀请作为文件保存（高级）"按钮，输入用户名并单击"继续"按钮，如图 8-9 所示。

4）设置密码后单击"保存邀请"按钮。设置密码的目的是防止无关人员打开邀请文件，如图 8-10 所示。

图 8-9　输入用户名

图 8-10　输入并确认密码

　　5）指定邀请文件的保存位置。该位置是网络中专门用于保存邀请文件的共享文件夹，最后单击"保存"按钮即可。

　　（3）为发送邀请的用户提供帮助　要为发送邀请的用户提供帮助，只要打开邀请文件即可。

　　1）双击邀请文件，输入密码，单击"是"按钮，如图 8-11 所示。

　　2）此时，在发送邀请的计算机上显示是否接受帮助，若接受，单击"是"按钮。

　　3）从发送邀请的计算机中会看到提供帮助的计算机的屏幕及演示操作，从而获得别人的帮助，如图 8-12 所示。

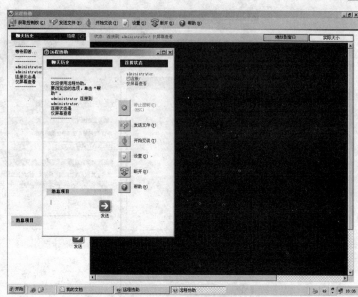

图 8-11 "远程协助"对话框   图 8-12 "远程协助"窗口

任务 2   pcAnywhere 远程控制

➥ 任务描述

某企业分公司有一台 FTP 服务器托管在机房中,服务器的 IP 地址为 192.168.1.101。网络管理员想远程管理这台服务器,例如,修改服务器配置、排除服务器故障、上传文件、重启服务器等。

➥ 任务分析

要实现这种远程控制,可以采用本章任务一介绍的"远程桌面管理"方式,还可以通过使用第三方软件远程管理服务器。第三方软件使用最普遍的莫过于 pcAnywhere。

pcAnywhere 是赛门铁克(Symantec)公司的著名产品,该软件适用于所有版本的 Windows 操作系统,支持调制解调器拨号、并口/串口直接连接和 TCP/IP、NetBIOS 网络协议等多种连接方式。该软件的使用与管理方式比较灵活,用户可以按照自己的需要单独安装主控端或被控端的软件,根据需要在被控端上创建各种连接下的远程控制方案,并能根据不同的用户分配不同等级的权限。在安全性能方面,pcAnywhere 提供了多种验证方式和加密方式,用户可以直接使用网络系统上的用户资料库验证远程连接,也可以创建独立的远程控制账户,根据需要选择加密数据的方式,保证在传输的过程中数据不被窃取。

注意:通过 pcAnywhere 控制远程计算机,必须知道被控端计算机的 IP 地址。

本任务中将网络管理员主机设置为主控端,FTP 服务器设置为被控端,如图 8-13 所示。

➥ 方法与步骤

1. 安装 pcAnywhere

主控端和被控端都要安装 pcAnywhere,其安装方法如下:

1）将 pcAnywhere 安装程序解压缩到任意文件夹，双击安装文件，进入安装程序界面，单击"下一步"按钮，如图 8-14 所示。

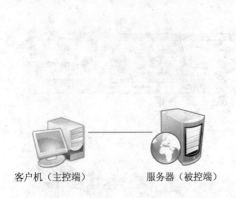

图 8-13 pcAnywhere 远程控制示意图

图 8-14 pcAnywhere 安装程序界面

2）在"授权许可协议"界面中选择"我接受许可授权协议中的条款"单选按钮，单击"下一步"按钮，如图 8-15 所示。

3）在"客户信息"界面中填写"用户名"和"组织"，并单击"下一步"按钮，如图 8-16 所示。

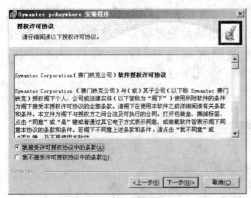

图 8-15 "授权许可协议"界面

图 8-16 "客户信息"界面

4）在"安装类型"界面中选择"典型"单选按钮，单击"下一步"按钮，如图 8-17 所示。

5）单击"安装"按钮，安装 pcAnywhere 程序，如图 8-18 所示。

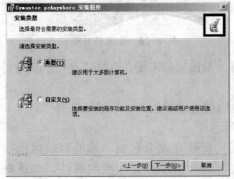

图 8-17 "安装类型"界面

图 8-18 安装程序

6）单击"完成"按钮，完成 pcAnywhere 的安装，如图 8-19 所示。

7）双击桌面上的"Symantec pcAnywhere"图标，进入 pcAnywhere 管理器窗口，如图 8-20 所示。

图 8-19　pcAnywhere 安装完成

图 8-20　pcAnywhere 管理器窗口

2．设置被控端

（1）启用被控端

1）在 FTP 服务器中启动 pcAnywhere，在 pcAnywhere 管理器窗口中单击"被控端"按钮，将显示被控端可以使用的访问方式。默认的情况下包括"DIRECT"、"MODEM"、"NETWORK，CABLE，DSL"几个选项。"DIRECT"指的是通过电缆直接相连，一般较少采用；"MODEM"指的是拨号访问，可以通过调制解调器与远程计算机建立联系；"NETWORK，CABLE，DSL"指的是通过网卡访问，如图 8-21 所示。

2）双击"添加被控端"图标，输入被控端的名称，例如，命名为"Test"，如图 8-22 所示。

图 8-21　被控端可以使用的访问方式

图 8-22　命名新被控端

（2）设置连接属性　选中需要配置的连接项目，单击鼠标右键，选择"属性"命令，弹出"pcAnywhere被控端属性"对话框。

在"连接信息"选项卡中可以设置建立连接时所使用的协议。一般默认选择"TCP/IP"，也可以根据实际需要选择合适的协议，如图 8-23 所示。

（3）设置被控端属性　远程控制中，被控端只有建立安全机制，才能有效地保护自己的系统不被恶意的控制端所破坏。可在"设置"选项卡中设置被控端属性，如图8-24所示。

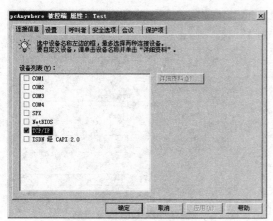
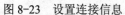

图 8-23　设置连接信息

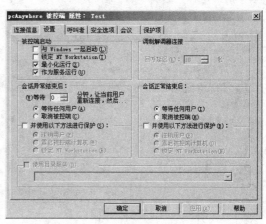

图 8-24　设置被控端属性

（4）设置呼叫者　在"呼叫者"选项卡中可以创建连接到本机的用户账户及密码，还可以设置允许哪些用户能够进行远程控制以及拥有控制的权限，如图8-25所示。

1）单击"新建项"按钮，创建用户和密码，如创建的用户为 Admin、密码为 admin，如图 8-26 和图 8-27 所示。

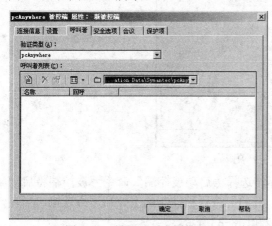

图 8-25　设置呼叫者属性

图 8-26　单击"新建项"按钮

2）在"权限"选项卡中可以设置呼叫者权限，如图 8-28 所示。

3）在"保护项"选项卡中可以设置保护密码，如图 8-29 所示。

（5）设置安全选项　在"安全选项"选项卡中可以设置本机的安全策略，如图8-30所示。

图 8-27　创建新呼叫者

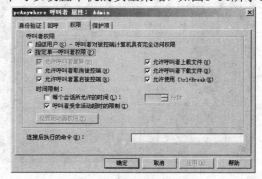

图 8-28　设置呼叫者权限

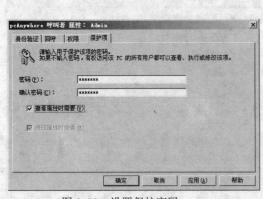

图 8-29 设置保护密码

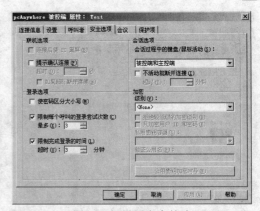

图 8-30 设置安全策略

（6）设置保护项 "保护项"选项卡允许用户输入密码来保护当前设置的被控端选项，任何人试图查看或更改该被控端的选项时，都需要输入密码来确认，如图 8-31 所示。

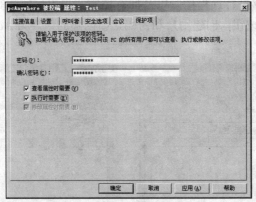

图 8-31 设置保护项密码

（7）启动被控端 右击被控端"Test"图标，选择"启动被控端"命令，被控端将启动并在系统任务栏中显示一个计算机形状的图标，开始等待远程控制的主控端进行连接。当有用户远程连接时，该图标将改变颜色，如图8-32和图8-33所示。

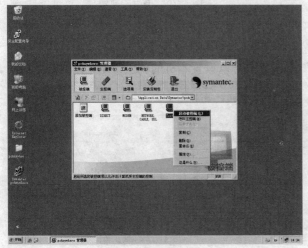

图 8-32 启动被控端

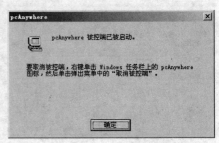

图 8-33 提示被控端已经启动窗口

3．设置主控端

（1）启用主控端

1）在网络管理员主机中启动 pcAnywhere，在 pcAnywhere 管理器窗口中单击"主控端"按钮，通过这个窗口用户可以完成主控端的设置，如图 8-34 所示。

2）双击"添加主控端"图标，输入主控端的名称，例如，命名为"Host"，如图 8-35 所示。

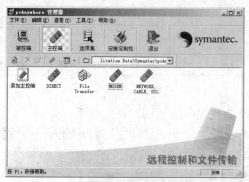

图 8-34 主控端窗口

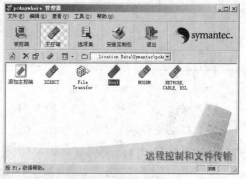

图 8-35 添加主控端

（2）设置主控端属性右击"Host"图标，选择"属性"命令，弹出"pcAnywhere主控端属性：Host"对话框。对话框中共有5个选项卡可供用户进行设置。

1）"连接信息"选项卡：选项设置与被控端的设置基本相同（TCP/IP），不同的是主控端只能够选择一种连接方式，同时可以选择"以文件传输模式启动"复选框，达到与被控端连接时直接进入文件传输窗口，而不进入远程操作窗口，如图 8-36 所示。

2）"设置"选项卡：用于配置远程连接选项，如图 8-37 所示。

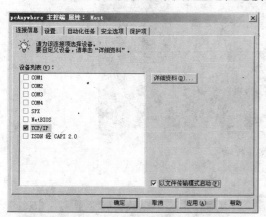

图 8-36 设置连接信息

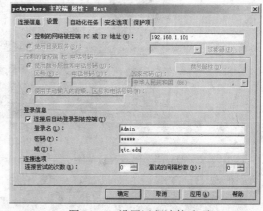

图 8-37 设置远程连接选项

3）"自动化任务"选项卡：用于设置使用该连接的自动化任务。主要是可以将远程控制过程中的操作记录下来，在需要的时候回放查看，如图 8-38 所示。

4）"安全选项"选项卡：用于设置该主控端在远程控制的过程中使用的加密级别，默认是不加密的。用户可以按照自己的需要选择使用对称密钥、公用密钥或 pcAnywhere 加密方式，其中 pcAnywhere 加密方式将前面的两种加密技术结合在一起，具有速度和安全性两方面的优点，如图 8-39 所示。

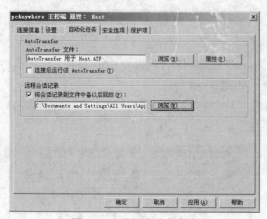

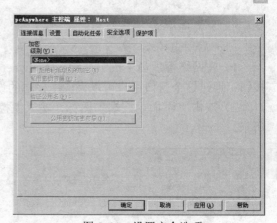

图 8-38　设置自动化任务　　　　　　　　　　图 8-39　设置安全选项

5）"保护项"选项卡：该选项卡的设置与被控端设置中的相同，在此就不作介绍了。

（3）启动主控端　右击"Host"图标，选择"连接"命令，启动主控端并输入已经设置好的用户名及密码连接远端计算机，如图8-40～图8-42所示。

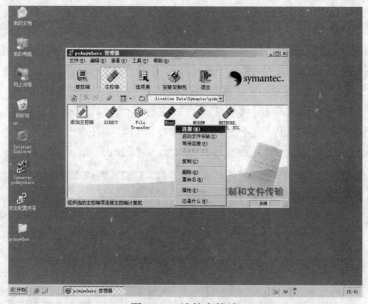

图 8-40　连接主控端

图 8-41　等待连接　　　　　　　　　　图 8-42　输入登录信息

（4）远程控制被控端　启动远程控制后，网络管理员主机的pcAnywhere就开始按照设置的要求尝试连接远端的FTP服务器。连接成功后将按要求进入远程操作窗口或者文件传输窗口，用户可以在远程操作窗口中好像操作本地计算机一样遥控被控计算机，如图8-43所示。

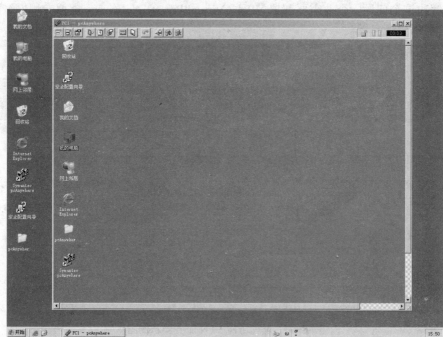

图 8-43　远程操作窗口

➥　相关知识与技能

Symantec pcAnywhere 可使用户远程连接另一台计算机，打开拥有权限的文件或应用程序并进行处理。如果用户对远端被控计算机有足够的访问权，那么使用它和使用本地计算机毫无区别。

新版本的 pcAnywhere 具有方便、实时和安全的特点。首先，pcAnywhere 的主窗口有所改进，更便于用户区分被控端和主控端。pcAnywhere 还提供性能优化向导来进行优化。用户可根据自己的要求和实际连接速度，找到最佳的性能设置。例如，若清晰的显示比颜色更重要，用户可以降低显示的色彩数，以便得到更快的连接速度和更清晰的显示。其次，pcAnywhere 还提供了许多实用的功能，其中典型的功能是文件传输和对话功能。文件传输可以在主控端和被控端之间方便、快速地传递文件。对话模式可以在两端之间进行会话，方便两端用户的交流。另外，pcAnywhere 也注重了安全性。pcAnywhere 增加的功能和管理员工具中首先强调安全性，包括登录被控端需要密码验证，在被控端跟踪打开的文件和可执行文件等数种安全机制。

任务 3　VPN

➥　任务描述

目前企事业单位的办公自动化、信息化程度非常高，通过其内部的办公自动化（OA）系统进行办公，单位业务通过事先设定好的"流程"进行处理。出于内部信息安全性考虑，

OA 的服务器不可能发布到 Internet 上。因此，对企业利用 Internet 实现多地点办公产生了障碍。为了解决这个问题，企业需要部署 VPN（Virtual Private Network，虚拟专用网）服务器，以实现内网的访问。

本任务根据图 8-44 所示的环境部署远程访问 VPN 服务器。

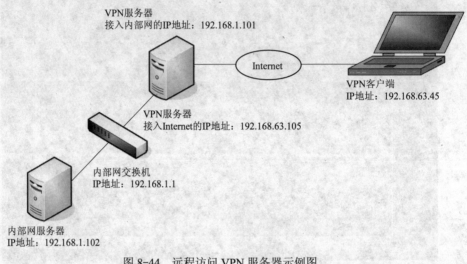

图 8-44　远程访问 VPN 服务器示例图

➥ 任务分析

　　VPN 服务器安装两块网卡，一块用于设定外部网的 IP 地址，连接到 Internet；另一块用于设置内部网的 IP 地址，连接企业内部网。远程客户端需要连接 Internet，并通过建立的虚拟专用网连接到 VPN 服务器上，以实现与企业内部网的通信。

　　部署上述任务远程访问 VPN 需完成以下工作：

　　1）保证客户端能够通过 VPN 方式连接内部网服务器。

　　2）VPN 服务器必须与内部网络相连。

　　3）VPN 服务器必须同时与 Internet 相连。

　　4）合理规划分配给 VPN 客户端的 IP 地址。客户端在请求 VPN 连接时，服务器要对其进行身份验证，因此，应合理规划需要建立 VPN 连接的用户账户。

　　5）提高客户端通过 VPN 连接内部网的安全级别。

➥ 方法与步骤

1. 配置 VPN 服务

　　1）在 VPN 服务器上选择"开始"→"管理工具"→"路由和远程访问"命令，打开"路由和远程访问"窗口。右击服务器，选择"配置并启用路由和远程访问"命令，打开路由和远程访问服务器安装向导，如图 8-45 所示。

　　2）选择该服务器为"远程访问（拨号或 VPN）"，如图 8-46 所示。

　　3）在"远程访问"界面中选择"VPN"复选框，如图 8-47 所示。

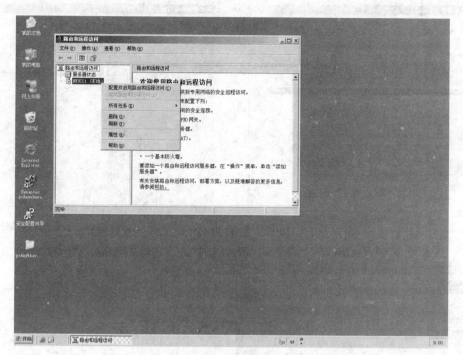

图 8-45　"路由和远程访问"窗口

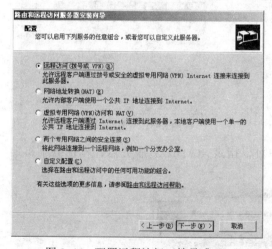

图 8-46　配置远程访问（拨号或 VPN）　　　　图 8-47　设置远程访问 VPN

4）打开"VPN 连接"界面，选择 VPN 服务器到 Internet 的连接，如图 8-48 所示。

5）在"IP 地址指定"界面中，选择"来自一个指定的地址范围"单选按钮，如图 8-49 所示。

① 自动：由 VPN 服务器向 DHCP 服务器索取 IP 地址，然后指派给客户端。如果无法从 DHCP 服务器自动获取 IP 地址，则由 VPN 服务器自动指派一个 IP 地址给客户端。

② 来自一个指定的地址范围：设置一段 IP 地址范围并指派给客户端使用。

6）在"地址范围指定"界面中单击"新建"按钮，在"新建地址范围"对话框中输入要分配给 VPN 客户端的 IP 地址范围，如图 8-50 和图 8-51 所示。

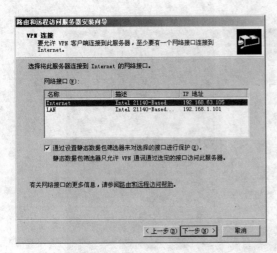

图 8-48　设置 VPN 连接

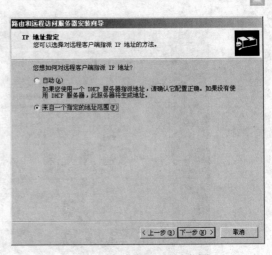

图 8-49　指定 IP 地址范围

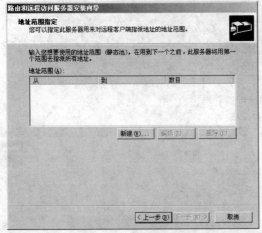

图 8-50　指定地址范围

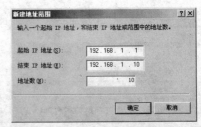

图 8-51　指定一段 IP 地址

7）在"管理多个远程访问服务器"界面中可以指定 RADIUS 服务器，本任务不指定 RADIUS 服务器，如图 8-52 所示。

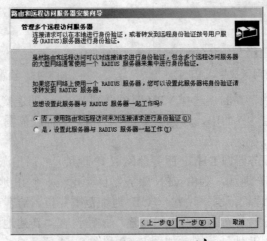

图 8-52　设置 RADIUS 服务器

8）在"完成"界面中单击"完成"按钮，弹出 DHCP 服务器为远程客户端分配 IP 地址时必须配置 DHCP 中继代理的提示框，如图 8-53 所示。单击"确定"按钮，完成 VPN 服务的配置。

图 8-53 配置 DHCP 中继代理提示框

2. 配置 VPN 端口

1）系统默认会自动建立 128 个 PPTP 端口与 128 个 L2TP 端口，每一个端口可供一个 VPN 客户端建立 VPN 连接，如图 8-54 所示。

图 8-54 系统默认自动建立端口窗口

2）右击"端口"项，选择"属性"命令，打开"端口 属性"对话框，双击"WAN 微型端口（PPTP）"或"WAN 微型端口（L2TP）"，在打开的对话框中可修改 VPN 端口数量，如图 8-55 和图 8-56 所示。

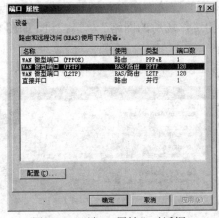

图 8-55 "端口 属性"对话框

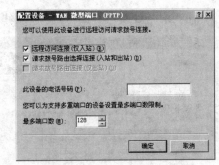

图 8-56 设置 VPN 端口数量

3. 配置 VPN 用户账户

系统默认是所有用户都没有拨号连接 VPN 服务器的权限。设置开放权限给用户的方法是：选择"管理工具"→"计算机管理"→"本地用户和组"命令，选择需要远程拨入的客户端（例如用户 tom），双击该客户端，选择"属性"命令，打开"tom 属性"对话框，在"拨入"选项卡中设置相应的权限，如图 8-57 所示。

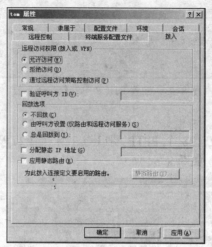

图 8-57　设置远程拨入客户端权限

1）远程访问权限（拨入或 VPN）：用于设置是否允许、拒绝或通过远程访问策略来确定用户是否可以建立 VPN 连接。

2）分配静态 IP 地址：当客户端建立远程访问连接时，服务器可以使用此选项为请求连接的客户端指派特定的静态 IP 地址。

3）应用静态路由：定义静态 IP 路由，可以在建立连接时被添加到允许路由和远程访问服务的服务器的路由列表中。此选项在配置请求拨号路由时使用。

4．配置 VPN 客户端

客户端必需建立一个 VPN 连接，以便与 VPN 服务器建立 VPN。配置 VPN 客户端的步骤如下：

1）选择"网上邻居"→"属性"→"创建一个新的连接"命令，打开新建连接向导。

2）在"网络连接类型"界面中选择"连接到我的工作场所的网络"单选按钮，如图 8-58 所示。

3）在"网络连接"界面中选择"虚拟专用网络连接"单选按钮，如图 8-59 所示。

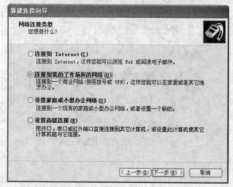 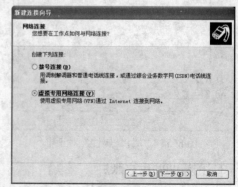

图 8-58　选择"连接到我的工作场所的网络"单选按钮　图 8-59　选择"虚拟专用网络连接"单选按钮

4）在"连接名"界面中设置连接名称，如 tom-VPN，如图 8-60 所示。

5）在"VPN 服务器选择"界面中输入 VPN 服务器的主机名或 IP 地址，如图 8-61 所示。

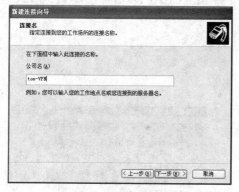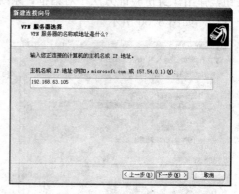

图 8-60　设置连接名　　　　　　　图 8-61　输入 VPN 服务器的名称或 IP 地址

6）在"正在完成新建连接向导"界面中单击"完成"按钮。

注意：配置 VPN 客户端之前，确认客户端已经建立 Internet 连接，并可以访问 Internet。

5．建立 VPN 连接

1）在"网络连接"窗口中，双击刚刚建立的虚拟专用网络连接，弹出"初始连接"提示框，提示必须先连接到 Internet，如图 8-62 所示。

2）单击"是"按钮，弹出"连接宽带连接"对话框，单击"连接"按钮连接到 Internet，然后弹出"连接 tom-VPN"

图 8-62　"初始连接"提示对话框

对话框，输入连接 VPN 的用户名和密码，单击"连接"按钮即可连接到 VPN，如图 8-63 所示。

3）VPN 客户端配置成功后，可以与 VPN 服务器通信，也可以与 VPN 服务器那一端的局域网内的计算机通信，如图 8-64 所示。

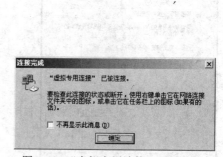

图 8-63　"连接 tom-VPN"对话框　　　　图 8-64　"虚拟专用连接"已被连接

6．配置验证通信协议

客户端连接 VPN 服务器进行远程访问时，必须输入用户账户及密码，身份验证成功后，用户就可以连接远程访问服务器并访问其有权访问的资源。

1）VPN 服务器验证。在"路由和远程访问"主控制窗口中右击服务器，选择"属性"命令，在"属性"对话框中选择"安全"选项卡，如图 8-65 所示。单击"身份验证方法"按钮，弹出"身份验证方法"对话框，系统默认只支持 MS-CHAP、MS-CHAP v2 与 EAP 验证方法，如图 8-66 所示。

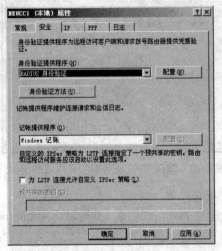

图 8-65　设置 VPN 服务器的"安全"选项卡

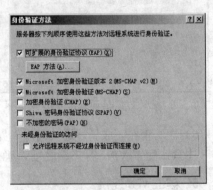

图 8-66　"身份验证方法"对话框

2）客户端验证。右击"网上邻居"图标，选择"属性"命令，然后右击"tom-VPN"连接图标，选择"属性"命令，在弹出的"属性"对话框中选择"安全"选项卡，如图 8-67 所示。选择"典型（推荐设置）"单选按钮或选择"高级（自定义设置）"单选按钮，单击"设置"按钮，在弹出的"高级安全设置"对话框中可自定义验证方法。"登录安全措施"用于选择验证的方法，而"数据加密"用于选择是否要针对信息加密，不过所选择的验证方法必须有信息加密功能。支持信息加密的验证方法有 MS-CHAP、MS-CHAP v2 和 EAP-TLS，而PAP、SPAP 与 CHAP 并不支持加密功能，如图 8-68 所示。

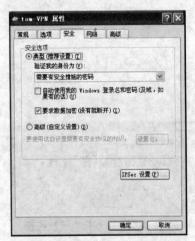

图 8-67　"安全"选项卡

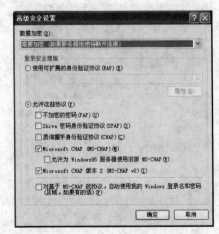

图 8-68　"高级安全设置"对话框

7. 配置远程访问策略

用户是否被允许连接远程访问服务器，由用户账户的权限设置、远程访问策略的权限设置以及远程访问策略配置文件的设置来决定。详细流程图如图 8-69 所示。

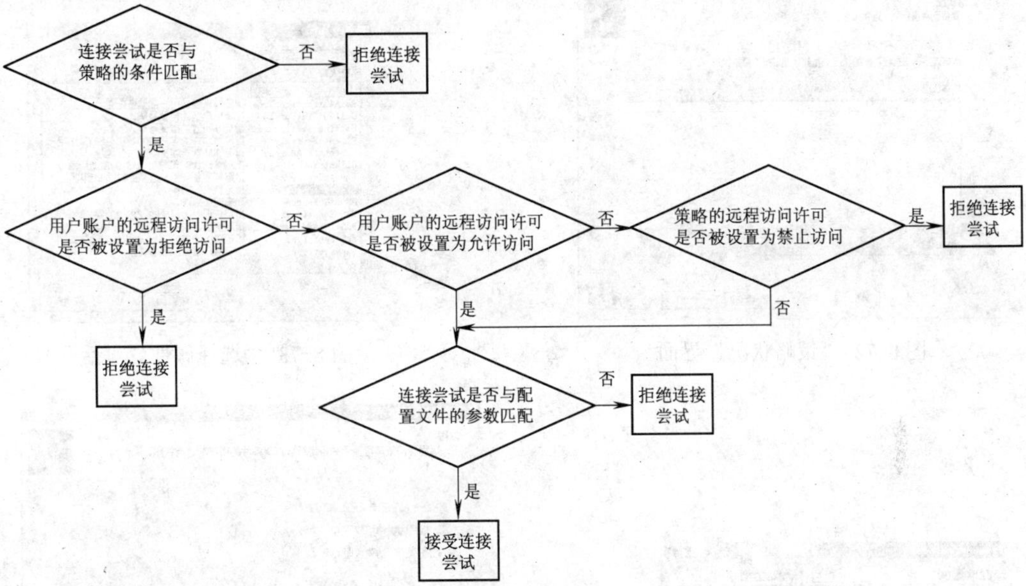

图 8-69　远程访问策略流程图

配置远程访问策略的过程如下：

1）打开路由和远程访问控制台，选择"远程访问策略"项，如图 8-70 所示。

2）在右侧窗口中的空白处右击，选择"新建远程访问策略"命令，打开"策略配置方法"界面，如图 8-71 所示。

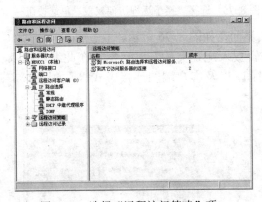

图 8-70　选择"远程访问策略"项

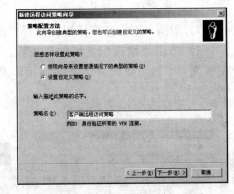

图 8-71　"策略配置方法"界面

3）单击"下一步"按钮，打开"策略状况"界面，在该界面中为新策略添加远程访问条件，如图 8-72 所示。

4）单击"添加"按钮，打开"选择属性"对话框，在此选择要添加的属性类型，然后单击"添加"按钮，如图 8-73 所示。

5）在打开的对话框的"可用类型"列表框中选择需要的类型，然后单击"添加"按钮，如图 8-74 所示。

6）返回"策略状况"界面，单击"下一步"按钮，打开"权限"界面，在此配置远程访问权限，例如，选择"授予远程访问权限"单选按钮，如图 8-75 所示。

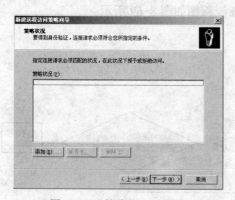

图 8-72 "策略状况"界面

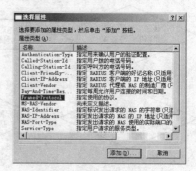

图 8-73 "选择属性"对话框

图 8-74 选择类型

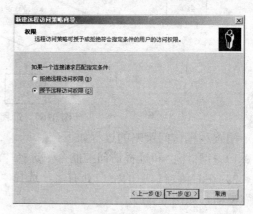

图 8-75 选择"授予远程访问权限"单选按钮

7）单击"下一步"按钮，打开"配置文件"界面，如图 8-76 所示。

8）单击"编辑配置文件"按钮，打开"编辑拨入配置文件"对话框，在此编辑拨入配置文件，如可以设置客户端连接以及断开的时间，以及客户端的连接方式等，如图 8-77 所示。

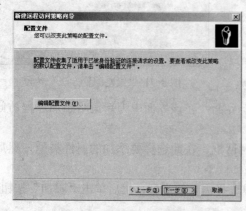

图 8-76 "配置文件"界面

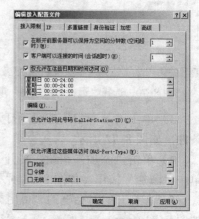

图 8-77 "编辑拨入配置文件"对话框

9）至此完成新建远程访问策略的操作，如图 8-78 所示。

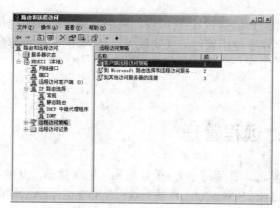

图 8-78 完成客户端远程访问策略设置

➡ 相关知识与技能

1. VPN

VPN 是一种新的组网技术,可以让远程用户与局域网(LAN)之间,通过 Internet(或其他的公众网络)建立起一个安全的通信管道。通常在局域网内配置一台 VPN 服务器,以便让 VPN 客户端连接。相对地,企业在这种公共数据网上建立的用于传输企业内部信息的网络被称为私有网。至于"虚拟",则主要是相对于现在的企业 Intranet 的组建方式而言的。通常企业 Intranet 相距较远的各局域网都是用专用的物理线路相连的,而虚拟专用网通过隧道技术提供 Internet 上的虚拟链路。

2. 隧道技术

隧道(Tunneling)技术是 VPN 的核心技术,它是利用 Internet 等公共网络已有的数据通信方式,在隧道的一端将数据进行封装,然后通过已建立的虚拟通道(隧道)进行传输。在隧道的另一端,进行解封装操作,将得到的原始数据交给对端设备。在进行数据封装时,根据在 OSI 参考模型中位置的不同,可以分为第二层隧道技术和第三层隧道技术两种类型。

第二层隧道协议主要有:①L2F(Layer 2 Forwarding,第二层转发);②PPTP(Point-to-Point Tunneling Protocol,点对点隧道协议);③L2TP(Layer 2 Tunneling Protocol,第二层隧道协议)。

第三层隧道协议主要有:①IPSec(IP Security);② GRE(Generic Routing Encapsulation,通用路由封装)。

3. VPN 应用场合

VPN 的实现可以分为软件和硬件两种方式。Windows 2000 Server 和 Windows Server 2003 以完全基于软件的方式实现了虚拟专用网,成本非常低廉。无论身处何地,只要能连接到 Internet,就可以与企业网在 Internet 上的虚拟专用网相关联,登录到内部网络浏览或交换信息。

一般来说,VPN 使用在以下两种场合:

1)远程客户端通过 VPN 连接到局域网。企业网络已经连接到 Internet,而用户在远程拨号连接 ISP 从而连上 Internet 后,就可以通过 Internet 与企业的 VPN 服务器建立 PPTP 或 L2TP 的 VPN,并通过 VPN 安全地传送信息。

2)两个局域网通过 VPN 互联。两个局域网的 VPN 服务器都连接到 Internet,并且通过

Internet 建立 PPTP 或 L2TP 的 VPN，它可以让两个网络之间安全地传送信息，不用担心在 Internet 上传送时泄密。除了使用软件方式实现外，VPN 的实现需要建立在交换机、路由器等硬件设备上。

 项目实训：远程管理

项目环境：3 台计算机（自带网卡）；螺钉旋具；压线钳子；双绞线；RJ-45 插头；测线器；Windows XP、Windows Sever 2003 系统光盘；Symantec pcAnywhere 10.5 软件包。

项目要求：完成远程管理设置，实施远程管理。

项目评价：

项目实训评价表

内　容		评　价		
学 习 目 标	评 价 项 目	优	合格	不合格
职业能力				
使用远程桌面连接	熟练设置被控端			
	掌握远程桌面的连接设置方法			
安装与设置 pcAnywhere	熟练安装 pcAnywhere			
	掌握 pcAnywhere 的设置方法			
安装与设置 VPN	掌握在 Windows Server 2003 下 VPN 服务器的安装方法，并能访问远程用户			
	掌握在客户端建立访问 VPN 服务器连接以及访问 VPN 服务器的方法			
解决问题能力				

主要步骤：　　　　　　　　　　　　　　　　　　　　　　　优

　　　　　　　　　　　　　　　　　　　　　　　　　　　　合格

综合评价

　　　　　　　　　　　　　　　　　　　　　　　　　　　　不合格

指导教师：
年　月　日

附录 常用网络命令详解

计算机命令是早期计算机系统的一种重要操作方式，是操作者与计算机之间的桥梁。通过命令的应用，操作者不必了解复杂难懂的机器语言，即可实现与计算机之间的沟通。

灵活易用的命令方式，强大完善的操作功能，早已征服了广大的计算机爱好者。尽管微软的 Windows 操作系统具有良好的可视化操作性能，但仍然没有因此抛弃计算机命令，而是将系统的可视化界面与命令方式实现一体化融合。

通过保留的 MS-DOS 命令模式，计算机管理人员可以很方便地使用掌握的操作命令实现各种操作。尤其在网络管理与维护工作中，管理人员使用 Windows 系统提供的网络命令可以轻松实现各种网络管理需求，同时也为操作者提供了灵活、丰富的操作体验。

能力目标

● 熟悉 Windows 系统命令格式。

● 掌握常用的网络命令使用方法。

命令 1 ping 命令

➡ 命令描述

ping 命令是使用率很高的网络命令，用于确定本地主机能否与另一台主机进行数据交换（发送与接收）。ping 命令通过向计算机发送 ICMP 数据报文并且监听报文的返回情况，以校验与远程计算机或本地计算机的连接。默认情况下，发送 4 个数据报文，每个报文包含 32B 的数据。ping 命令向目标主机（地址）发送一个回送请求数据包，要求目标主机收到请求后给予答复，从而判断网络的响应时间和本机是否与目标主机（地址）连通。

格式：ping [-t] [-a] [-n count] [-l length] [-f] [-i ttl] [-v tos] [-r count] [-s count] [[-j computer-list] | [-k computer-list]] [-w timeout]

➡ 命令分析

-t：校验与指定计算机的连接，直到用户中断。若要中断可按组合键<Ctrl+C>。

-a：将地址解析为计算机名。

-n count：发送由 count 指定数量的 Echo 报文，默认值为 4。

-l length：发送包含由 length 指定数据长度的 Echo 报文。默认值为 64B，最大值为 8192B。

-f：在包中发送"不分段"标志。该包将不被路由上的网关分段。

-i ttl：将"生存时间"字段设置为 ttl 指定的数值。其中 ttl 表示 1~255 之间的数。

-v tos：将"服务类型"字段设置为 tos 指定的数值。

-r count：在"记录路由"字段中记录发出报文和返回报文的路由。指定的 count 值最小可以是 1，最大可以是 9。

-s count：指定由 count 指定的转发次数的时间邮票。其中指定的 count 值最小可以是 1，最大可以是 4。

-j computer-list：经过由 computer-list 指定的计算机列表的路由报文。中间网关可能分隔连续的计算机（松散的源路由）。允许的最大 IP 地址数目是 9。

-k computer-list：经过由 computer-list 指定的计算机列表的路由报文。中间网关可能分隔连续的计算机（严格源路由）。允许的最大 IP 地址数目是 9。

-w timeout：以 ms 为单位指定超时间隔。

➤ 方法与步骤

ping 命令的两种返回结果如附图 1 和附图 2 所示。

1）"Reply from 202.96.64.68：bytes=32 time=27ms TTL=242"表示收到从目标主机 202.96.64.68 返回的响应数据包，数据包大小为 32B，响应时间为 27ms，TTL 为 242。这个结果表示用户的计算机到目标主机之间连接正常。

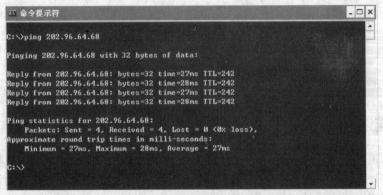

附图 1　ping 命令（网络连通）

2）"Request timed out"表示没有收到目标主机返回的响应数据包，也就是网络不通。

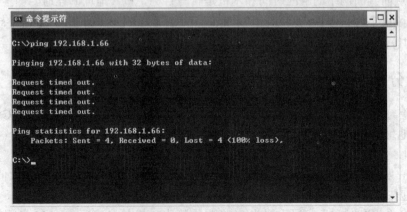

附图 2　ping 命令（网络不通）

命令 2　ipconfig 命令

➥ 命令描述

显示所有当前的 TCP/IP 网络配置值、刷新动态主机配置协议（DHCP）和域名系统（DNS）设置。

格式：ipconfig [/? | /all | /renew [adapter] | /release [adapter] /flushdns | /displaydns | /registerdns | /showclassid adapter | /setclassid adapter [classid]]

➥ 命令分析

/all：显示所有适配器的完整 TCP/IP 配置信息。在没有该参数的情况下，ipconfig 命令结果只显示 IP 地址、子网掩码和各个适配器的默认网关值。

/renew [adapter]：更新所有适配器（如果未指定适配器），或特定适配器（如果包含了 adapter 参数）的 DHCP 配置。该参数仅在具有配置为自动获取 IP 地址的网卡的计算机上可用。

/release [adapter]：发送 DHCPRELEASE 消息到 DHCP 服务器，以释放所有适配器（如果未指定适配器）或特定适配器（如果包含了 adapter 参数）的当前 DHCP 配置，并丢弃 IP 地址配置。该参数可以禁用配置为自动获取 IP 地址的适配器的 TCP/IP。

/flushdns：清理并重设 DNS 客户解析器缓存的内容。如有必要，在 DNS 疑难解答期间，可以使用本过程从缓存中丢弃否定性缓存记录和任何其他动态添加的记录。

/displaydns：显示 DNS 客户解析器缓存的内容，包括从本地主机文件预装载的记录，以及由计算机解析的名称查询而最近获得的任何资源记录。DNS 客户服务在查询配置的 DNS 服务器之前，使用这些信息快速解析被频繁查询的名称。

/registerdns：初始化计算机上配置的 DNS 名称和 IP 地址的手工动态注册。可以使用该参数对失败的 DNS 名称注册进行疑难解答或解决客户和 DNS 服务器之间的动态更新问题，而不必重新启动客户计算机。TCP/IP 高级属性中的 DNS 设置可以确定 DNS 中注册了哪些名称。

/showclassid adapter：显示指定适配器的 DHCP 类别 ID。要查看所有适配器的 DHCP 类别 ID，可以使用星号（*）通配符代替 adapter。该参数仅在具有配置为自动获取 IP 地址的网卡的计算机上可用。

/setclassid adapter [classid]：配置特定适配器的 DHCP 类别 ID。要设置所有适配器的 DHCP 类别 ID，可以使用星号通配符代替 adapter。该参数仅在具有配置为自动获取 IP 地址的网卡的计算机上可用。如果未指定 DHCP 类别的 ID，则会删除当前类别的 ID。

➥ 方法与步骤

ipconfig 命令直接应用与使用 all 参数的不同效果如附图 3 和附图 4 所示。

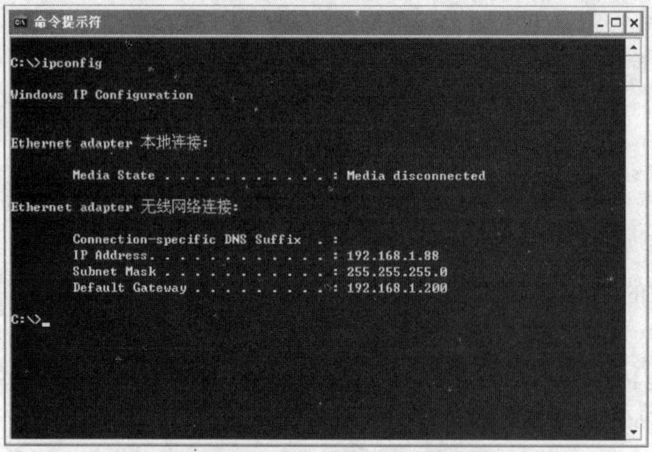

附图 3　ipconfig 命令直接应用

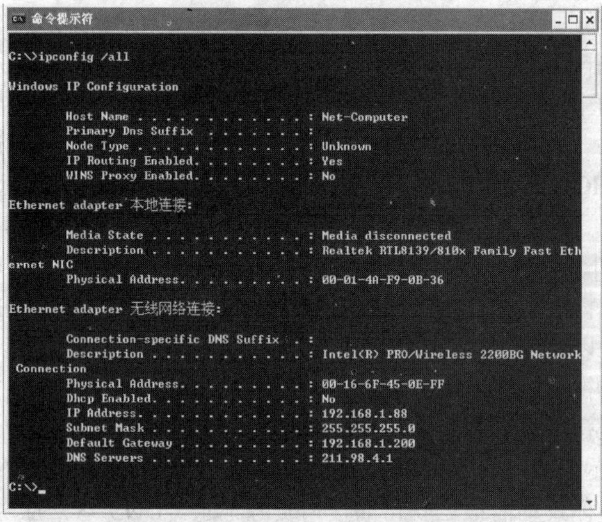

附图 4　ipconfig 命令使用 all 参数

命令 3　netstat 命令

➤　命令描述

显示协议统计信息和当前 TCP/IP 网络连接，一般用于检验本机各端口的网络连接情况。

格式：netstat [-a] [-b] [-e] [-n] [-o] [-p proto] [-r] [-s] [-v] [interval]

➤　命令分析

-a：显示所有连接和监听端口的信息，包括已建立的连接（established），也包括监听连接请求（listening）的那些连接。

-b：显示包含于创建每个连接或监听端口的可执行组件。

-e：显示以太网统计信息。

-n：以数字形式显示地址和端口号。

-o：显示与每个连接相关的所属进程 ID。

-p proto：显示 proto 指定的协议的连接。proto 可以是 TCP、UDP、TCPv6 或 UDPv6 协议之一。

-r：显示路由表。

-s：显示按协议统计信息。

-v：为可执行组件创建连接或监听端口。

interval：重新显示选定统计信息。

➥　方法与步骤

查看本地计算机所有开放的端口，可以有效发现和预防木马，可以知道计算机所开启的服务等信息，如附图 5 所示。

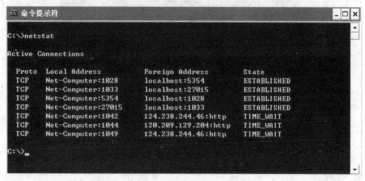

附图 5　netstat 命令结果

命令 4　nbtstat 命令

➥　命令描述

显示基于 TCP/IP 网络上的 NetBIOS 协议统计信息，如远程计算机的用户名、工作组、网卡 MAC 地址等。

格式：nbtstat [[-a RemoteName] [-A IPAddress] [-c] [-n] [-r] [-R] [-RR] [-s] [-S] [Interval]]

➥　命令分析

-a RemoteName：显示远程计算机的 NetBIOS 名称。其中，RemoteName 是远程计算机的 NetBIOS 计算机名称。

-A IPAddress：显示远程计算机的 NetBIOS 信息。其中，Address 是远程计算机的 IP 地址。

-c：显示 NetBIOS 名称缓存内容、NetBIOS 名称表及其解析的各个地址。

-n：显示本地计算机的 NetBIOS 名称表。Registered 的状态表明该名称是通过广播还是 WINS 服务器注册的。

-r：显示 NetBIOS 名称解析统计信息。在配置为使用 WINS 且运行 Windows XP 或

Windows Server 2003 操作系统的计算机上，该参数将返回已通过广播和 WINS 解析和注册的名称号码。

　　-R：清除 NetBIOS 名称缓存的内容，并从 Lmhosts 文件中重新加载带有#PRE 标记的项目。

　　-RR：释放并刷新通过 WINS 服务器注册的本地计算机 NetBIOS 名称。

　　-s：显示 NetBIOS 客户端和服务器会话，并试图将目标 IP 地址转化为名称。

　　-S：显示 NetBIOS 客户端和服务器会话，只通过 IP 地址列出远程计算机。

　　Interval：重新显示选择的统计资料，可以在每个显示内容之间中断 Interval 中指定的秒数。按组合键<Ctrl+C>停止重新显示统计信息。

➥ 方法与步骤

在 MS-DOS 命令窗口中输入"nbtstat -a 192.168.1.88"，命令结果如附图 6 所示。

附图 6　nbtstat 命令结果

命令 5　net 命令

➥ 命令描述

net 是一个功能非常强大的命令，虽然必须用命令行方式执行，但它的功能确覆盖了 Windows 系统中大部分重要的管理功能。使用 net 命令可以轻松管理网络环境、各种服务程序的运行和配置、进行用户和登录管理等，还可以查看服务器的许多本地信息。

在使用 net 命令时，需要注意的是：它的有一些命令是会马上产生作用并永久保存的，使用的时候要慎重。所有 net 命令接受选项"/yes"和"/no"（可缩写为"/y"和"/n"）。"/y"对命令产生的任何交互提示自动回答"是"，"/n"回答"否"。例如，"net stop server"通常提示确认是否根据服务器服务结束所有服务，"net stop server /y"自动回答"是"并关闭服务器服务。

下面对 net 命令常见参数的基本用法做一些初步的介绍。

1. net view

显示域列表、计算机列表或指定计算机的共享资源列表。

格式：net view [\\computername|/domain [:domainname]]

➥ 命令分析

不带参数的 net view 命令用于显示当前域的计算机列表。

\\computername：指定要查看其共享资源的计算机。

/domain[:domainname]：指定要查看其可用计算机的域。

方法与步骤

1）使用 net view \\Sea 命令查看 Sea 的共享资源列表。

2）使用 net view/domain:Mydomain 命令查看 Mydomain 域中的机器列表。

2. net user

添加或更改用户账户或显示用户账户信息。该命令也可以写为 net users。

格式：net user [username [password|*] [options]] [/domain]

命令分析

不带参数的 net user 命令用于查看计算机上的用户账户列表。

username：添加、删除、更改或查看用户账户名。

password：为用户账户分配或更改密码。

*：提示输入密码。

/domain：在计算机主域的主域控制器中执行操作。

方法与步骤

使用 net user Sea 命令查看用户 Sea 的信息。

3. net use

连接计算机或断开计算机与共享资源的连接，或显示计算机的连接信息。

格式：net use [devicename|*] [\\computername\sharename [\volume] [password|*]] [/user:
[domainname\]username] [/home[{password/*}][/delete]| [/persistent:{yes| no}]]

命令分析

不带参数的 net use 命令用于显示网络连接。

devicename：指定要连接到的资源名称或要断开的设备名称。

\\computername\sharename：服务器及共享资源的名称。

password：访问共享资源的密码。

*：提示输入密码。

/user：指定进行连接的另外一个用户。

domainname：指定另一个域。

username：指定登录的用户名。

/home：将用户连接到其宿主目录。

/delete：取消指定网络连接。

/persistent：控制永久网络连接的使用。

➥ 方法与步骤

1）使用 net use f: \\Sea\Temp 命令将\\Sea\Temp 目录建立为 F 盘。

2）使用 net use f: \\Sea\Temp/delete 命令断开连接。

4. net time

使计算机的时钟与另一台计算机或域的时间同步。

格式：net time [\\computername|/domain [:name]] [/set]

➥ 命令分析

\\computername：要检查或同步的服务器名。

/domain[:name]：指定要与其时间同步的域。

/set：使本计算机时钟与指定计算机或域的时钟同步。

5. net start

启动服务，或显示已启动服务的列表。

格式：net start service

6. net pause

暂停正在运行的服务。

格式：net pause service

7. net continue

重新激活挂起的服务。

格式：net continue service

8. net stop

停止指定（service）的服务。

格式：net stop service

➥ 命令分析

alerter：停止"警报器"服务。

brower：停止"计算机浏览器"服务。

client service for netware：停止"Netware 客户"服务。

clipbook：停止"剪贴板"服务。

dhcp client：不能停止或暂停"DHCP 客户"服务。

messenger：停止"信使"服务。

net logon：停止"网络登录"服务。

schedule：停止"任务计划程序"服务。

server：停止"服务器"服务。

spooler：停止"后台打印程序"服务。

tcp/ip Netbios helper：停止"TCP/IP"服务上的 NetBIOS 帮助服务。

ups：停止"不间断电源"服务。

workstation：停止"工作站"服务。

9. net statistics

显示本地工作站或服务器服务的统计记录。

格式：net statistics [workstation|server]

➤ **命令分析**

不带参数的 net statistics 命令用于列出其统计信息可用的运行服务。

workstation：显示本地工作站服务的统计信息。

server：显示本地服务器服务的统计信息。

➤ **方法与步骤**

使用 net statistics server 命令显示服务器服务的统计信息。

10. net share

创建、删除或显示共享资源。

格式：net share sharename=drive:path [/users:number |/unlimited] [/remark:"text"]

➤ **命令分析**

不带参数的 net share 命令用于显示本地计算机上所有共享资源的信息。

sharename：指共享资源的网络名称。

drive:path：指定共享目录的绝对路径。

/users:number：设置可同时访问共享资源的最大用户数。

/unlimited：不限制同时访问共享资源的用户数。

/remark:"text"：添加关于资源的注释，注释文字用引号引住。

➤ **方法与步骤**

1）使用 net share Mydomain=c:\Temp:"my first share"命令以 Mydomain 为共享名共享 C:\Temp。

2）使用 net share Mydomain/delete 命令停止共享 Mydomain 目录。

命令 6　at 命令

➤ **命令描述**

at 命令是 Windows 中内置的命令，它也可以媲美 Windows 中的"计划任务"。at 命令可在指定时间和日期或指定的计算机上运行命令和程序。

格式：

at [\\computername] [[id] [/delete] | /delete [/yes]]

at [\\computername] time [/interactive] [/every:date[…] | /next:date[…]] "command"

➤ 命令分析

\\computername：指定远程计算机。如果省略这个参数，会计划在本地计算机上运行命令。

id：指定给已计划命令的识别号。

/delete：删除某个已计划的命令。如果省略 id，计算机上所有已计划的命令都会被删除。

/yes：不需要进一步确认时，与删除所有作业的命令一起使用。

time：指定运行命令的时间。

/interactive：允许作业在运行时，与当时登录的用户桌面进行交互。

/every:date[…]：每个月或每个星期在指定的日期运行命令。如果省略日期，则默认为在每月的本日运行。

/next:date[…]：指定在下一个指定日期（如下周四）运行命令。如果省略日期，则默认为在每月的本日运行。

"command"：准备运行 Windows NT 命令或批处理程序。

➤ 方法与步骤

1）定时关机。

命令：at 08:00 ShutDown-S-T10

该命令运行后，到了 08:00 点，计算机会出现"系统关机"对话框，并默认 10 秒延时自动关机。

2）定时提醒。

命令：at 10:00 Net Send 192.168.10.10

设定 10:00 点钟定时提醒。

其中 Net Send 是 Windows 内部程序，可以发送消息到网络上的其他用户、计算机。这个功能在 Windows 中也称作"信使服务"。

3）定时数据备份。

命令：at 2:00AM /every:sunday Backup.bat

该命令可在每个周日的凌晨 2:00 点定时启动 Backup.bat 批处理文件进行数据备份操作。

4）撤销计划安排。

命令：at 5 /delete

该命令可删除已设定计划（5 为指派给已计划命令的标识编号）。当然，删除该计划后，可以重新安排。

命令 7　tracert 命令

➤ 命令描述

tracert（跟踪路由）是路由跟踪实用程序，用于确定 IP 数据报访问目标所采取的路径。tracert 命令用 IP 生存时间（TTL）字段和 ICMP 错误消息来确定从一个主机到网络上其他主机的路由。

格式：tracert [-d] [-h maximum_hops] [-j host-list] [-w timeout] target_name

命令分析

-d：指定不将 IP 地址解析到主机名称。

-h maximum_hops：指定跃点数以跟踪到称为 target_name 的主机的路由。

-j host-list：指定 tracert 实用程序数据包所采用路径中的路由器端口列表。

-w timeout：等待 timeout 为每次回复所指定的毫秒数。

target_name：目标主机的名称或 IP 地址。

方法与步骤

在 MS-DOS 命令窗口中输入"tracert pop.pcpop.com"，命令结果如附图 7 所示。

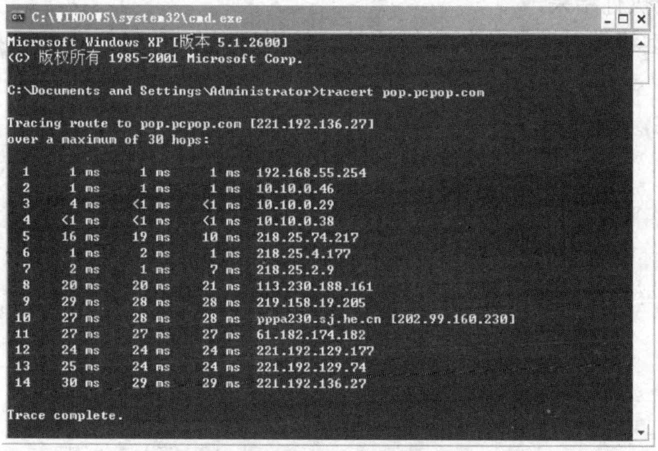

附图 7　tracert 命令结果

命令 8　telnet 命令

命令描述

telnet 协议是 TCP/IP 中的一员，是 Internet 远程登录服务的标准协议和主要方式。它为用户提供了在本地计算机上完成远程主机工作的能力。

格式：telnet [-a][-e escape char][-f log file][-l user][-t term][host [port]]

命令分析

-a：企图自动登录。除了用当前已登录的用户名以外，与"-l"选项相同。

-e：跳过字符进入 telnet 客户提示。

-f：客户端登录的文件名。

-l：指定远程系统上登录用的用户名称。要求远程系统支持"Telnetenviron"选项。

-t：指定终端类型。支持的终端类型仅是 vt100、vt52、ansi 和 vtnt。

host：指定要连接的远程计算机的主机名或 IP 地址。

port：指定端口号或服务名。

➥ **方法与步骤**

telnet 远程登录服务分为以下 4 个过程：

1）本地与远程主机建立连接。该过程实际上是建立一个 TCP 连接，用户必须知道远程主机的 IP 地址或域名。

2）将本地终端上输入的用户名和密码以及以后输入的任何命令或字符以 NVT（Net Virtual Terminal）格式传送到远程主机。该过程实际上是从本地主机向远程主机发送一个 IP 数据包。

3）将远程主机输出的 NVT 格式的数据转化为本地所接受的格式送回本地终端，包括输入命令回显和命令执行结果。

4）最后，本地终端对远程主机撤销连接。该过程是撤销一个 TCP 连接。

参 考 文 献

[1] 张天津. 计算机网络管理实训教程[M]. 大连：大连理工大学出版社，2009.

[2] 李立. 网络组建与管理实用教程[M]. 北京：清华大学出版社，2010.

[3] 梁锦叶. 局域网组建与维护[M]. 重庆：重庆大学出版社，2004.

[4] 朱葛俊. 计算机网络技术[M]. 北京：中国电力出版社，2007.

[5] 褚建立. 计算机网络技术实用教程[M]. 3版. 北京：电子工业出版社，2011.